耐磨防腐非晶碳薄膜技术

周升国　王智祥　陈　颢　著

北　京
冶 金 工 业 出 版 社
2018

内 容 提 要

本书针对冶金机械设备及关键部件使用过程中产生磨损和腐蚀问题，提出了具有耐磨防腐特性的非晶碳薄膜体系以应用于其表面。主要介绍了气相法制备的单金属复合非晶态碳耐磨薄膜，以及稀土改性纳米复合非晶碳耐磨薄膜，并系统研究了薄膜的表面形貌、组分、力学性能和摩擦磨损行为。同时，介绍了液相法制备的纳米晶复合非晶碳防腐薄膜，以及石墨烯/碳纳米管增强非晶碳防腐薄膜，并系统研究了薄膜的形成机理、表面形貌、结构表征、润湿性、结合力、自清洁力及腐蚀性能。

本书适合从事材料表面技术、摩擦磨损、腐蚀与防护等领域的科研和技术人员参考与使用。

图书在版编目(CIP)数据

耐磨防腐非晶碳薄膜技术/周升国，王智祥，陈颢著. —北京：冶金工业出版社，2018. 11

ISBN 978-7-5024-7954-1

Ⅰ.①耐… Ⅱ.①周… ②王… ③陈… Ⅲ.①碳—薄膜技术 Ⅳ.①TB43

中国版本图书馆 CIP 数据核字（2018）第 241923 号

出 版 人　谭学余
地　　址　北京市东城区嵩祝院北巷 39 号　邮编　100009　电话　(010)64027926
网　　址　www.cnmip.com.cn　电子信箱　yjcbs@cnmip.com.cn
责任编辑　常国平　美术编辑　彭子赫　版式设计　孙跃红
责任校对　郭惠兰　责任印制　牛晓波

ISBN 978-7-5024-7954-1
冶金工业出版社出版发行；各地新华书店经销；三河市双峰印刷装订有限公司印刷
2018 年 11 月第 1 版，2018 年 11 月第 1 次印刷
169mm×239mm；9.5 印张；185 千字；144 页

46.00 元

冶金工业出版社　投稿电话　(010)64027932　投稿信箱　tougao@cnmip.com.cn
冶金工业出版社营销中心　电话　(010)64044283　传真　(010)64027893
冶金书店　地址　北京市东四西大街 46 号(100010)　电话　(010)65289081(兼传真)
冶金工业出版社天猫旗舰店　yjgycbs.tmall.com

（本书如有印装质量问题，本社营销中心负责退换）

前　言

随着科技和经济的快速发展，我国的冶金工业也得到了蓬勃的发展。冶金机械设备在冶金工业中有着举足轻重的地位，但冶金机械设备在使用过程中，磨损和腐蚀是不可避免的，如果冶金机械设备得不到有效的防护而出现故障，往往会导致整条生产线的停产，使得企业蒙受巨大的经济损失，甚至可能对人们的生命财产安全造成严重的威胁。在冶金机械设备中，磨损和腐蚀是其损坏的主要形式。据统计，世界能源消耗中因磨损和摩擦造成的占 1/2~1/3，一般的冶金机械设备中也约有 80%的机械部件因磨损而失效报废，因此磨损是导致冶金机械设备发生故障的主要“元凶”。此外，世界发达国家每年因金属腐蚀而造成的经济损失占其国民生产总值的 3.5%~4.2%，对于金属的冶金机械设备而言，在各种因素作用下同样会遭受腐蚀，且随着时间增长其腐蚀程度也变得更严重。因此，在冶金机械设备及关键部件表面构筑耐磨防腐特性的表面材料具有重要的研究意义和工程价值。

为了提升冶金机械设备及关键部件的表面性能和运行寿命，从而设计出具有耐磨防腐特性的非晶碳薄膜以应用于其表面，本书主要介绍耐磨防腐非晶碳薄膜制备技术，围绕气相法单金属复合非晶态碳耐磨薄膜、气相法稀土改性纳米复合非晶碳耐磨薄膜、液相法纳米晶复合非晶碳防腐薄膜、液相法石墨烯/碳纳米管增强非晶碳防腐薄膜进行了系统的介绍。这种耐磨防腐非晶碳薄膜技术对于解决好冶金机械设备及关键部件的磨损和腐蚀问题有着重要的研究意义和工程价值，是降低生产成本和提高经济效益的有效途径，并能够有效地推动冶金行业的可持续发展。

本书内容的形成与最终完稿，得益于作者所在金属低维功能材料课题组成员多年来研究成果的积累。课题组研究生朱小波、刘龙、刘正兵、吴杨敏、颜青青、刘根、张景文、尧文俊等人共同参与了本书相关研究工作，在此表示感谢。本书撰写过程中，参考了大量的文献资料，且参考和引用了一些单位及作者的资料和图片等，在此表示诚挚的感谢。

本书相关研究和出版得到国家自然科学基金（51611130190）和江西理工大学清江青年英才支持计划（JXUSTQJBJ2016011）资助。

限于编者的学术水平和条件，书中难免存在错误和不妥之处，敬请广大读者和专家批评、指正。

作　者

2018 年 9 月

目　　录

1 绪　论

1.1 冶金设备磨损腐蚀现状

近几年我国的科技和经济迅速发展，冶金工业也得到了良好的发展。冶金机械设备在冶金工业中有着举足轻重的地位，如果冶金机械设备发生故障，严重时会引发整个生产线出现停产，从而导致严重的经济损失，甚至可能对人们的生命财产安全造成巨大的威胁。在这些冶金机械设备中，其机械部件损坏形式主要有三种，即磨损、腐蚀和断裂，而磨损和腐蚀是其两大失效形式。由于机件磨损是需要长时间的累积损失才会产生一定的破坏性，这种“温水煮青蛙”过程使其很容易被生产线上的工作人员所忽视，但磨损所造成的危害却是巨大的。据统计，世界能源消耗中因磨损和摩擦造成的占 1/2~1/3，在一般的冶金机械设备中也有约 80%的机械部件因磨损而失效报废，可以说磨损是导致冶金机械设备发生故障的主要“元凶”[1,2]。除此之外，发达国家每年因金属被腐蚀而造成的经济损失巨大，约占其国民生产总值的 3.5%~4.2%。对于冶金机械设备而言，由于各种因素的作用同样使其遭受腐蚀，且随着时间增长机械设备的腐蚀程度也变得更严重，从而引起机械设备部件甚至整个机械设备性能变差。因此，在冶金生产过程中，对其冶金机械设备防护（抗磨损和耐腐蚀）就显得尤为重要。首先要对导致冶金机械设备产生磨损和腐蚀的因素进行全面了解，然后针对其磨损和腐蚀原因做出针对性的有效防护措施，从而优化机械设备的使用效果，促进冶金行业的生产安全和平稳发展。

在冶金设备运作过程中，由于冶金工厂的生产线都比较长，设备偏向大型复杂结构，同时工作环境恶劣（高温、多水、多尘、重载及酸、碱、盐的腐蚀介质），冶金机械设备磨损和腐蚀比起其他领域更为严重[3,4]。冶金设备的磨损在各个生产厂矿的表现状态千差万别，每年造成的经济损失及维修费非常巨大，按其生成机理的不同可归纳为粘着磨损、磨料磨损两大类。其中，磨料磨损在冶金厂矿表现最为突出[5,6]。粘着磨损又称咬合磨损，是在滑动摩擦条件下，当相对滑动速度较小时发生的。由于缺乏润滑油，摩擦副表面无氧化膜，且单位法向载荷很大，以致接触应力超过实际接触点处金属屈服强度而产生的一种磨损。在冶金设备中粘着磨损形式可细分为轻微磨损、涂抹、擦伤、撕脱。磨料磨损又称磨粒磨损，是在摩擦副一方表面存在坚硬的细微凸起，或者在接触面之间存在着硬质粒子时所产生的一种磨损。前者又可称为两体磨粒磨损，如锉削过程，后者又可称为三体磨粒磨损。磨料磨损约占磨损总量的一半，是一种十分常见且相当危险的磨损形式。磨料磨损按其产生条件的不同可分为三种类型：一是凿削式，如挖掘机的斗齿，破碎机的锤头、颚板等；二是高应力碾碎式，如冶金生产中的球磨机衬板与钢球、破碎机的滚轮等的磨损就属于高应力碾碎式；三是低应力擦伤式，在钢铁冶金生产中球磨机的衬板、犁铧、溜槽、料仓、漏斗、料车经常发生该类形式的磨损。冶金设备的腐蚀主要有局部腐蚀和均匀腐蚀两种：一是局部腐蚀，主要是机械设备的金属局部腐蚀现象较为严重而其他区域腐蚀程度较轻；二是均匀腐蚀，一般发生在经常浸泡在一些化学溶液的金属设备上，长时间的浸泡使其整体上发生均匀的腐蚀。由于不同冶金机械设备的构造材料不同，其对各种介质的抗腐蚀能力不同。归纳分为这几种原因：一是在相同的环境下机械设备的物质材料化学结构越致密，越具有耐腐蚀性；二是化学机械设备上一些比较突出的部位和衔接结构处更容易出现腐蚀；三是表面越粗糙的机械设备越容易发生腐蚀[4~6]。

冶金机械设备在使用过程中，磨损和腐蚀是不可避免的，如果冶金机械设备得不到有效的防护而出现故障，往往会导致整条生产线的停产，使得企业蒙受巨大的经济损失。因此，采取有效的措施来抑制冶金机械设备发生磨损和腐蚀行为是保护好冶金机械设备并延长其运行寿命的关键途径。冶金机械设备的防护策略方法很多，其中具有耐磨防腐特性的非晶碳薄膜技术是一种有效的防护手段，将其应用于冶金机械设备具有重要的意义。非晶碳薄膜具有高硬度、强韧性、低摩擦、高耐磨以及化学惰性等诸多优点，将其应用于冶金机械设备表面对于解决好冶金机械设备及关键部件的磨损和腐蚀问题有着重要的贡献，可以大大降低冶金企业的生产成本和提高经济效益，并有效地推动冶金行业的可持续发展。

1.2 非晶碳薄膜概述

1.2.1 非晶碳薄膜的简介

非晶碳薄膜主要是由 sp^2、sp^3 杂化碳组成的非晶态和微晶态结构的薄膜材料，又可以称为碳膜。非晶碳膜因为其硬度高、耐磨、摩擦学性能优异、光学透光性及化学稳定性等特点，被广泛应用于各种行业机械设备及关键零部件的保护涂层、耐磨涂层以及防腐涂层。非晶碳膜是近几年薄膜技术领域的研究热点之一[7~9]。1971 年美国的 Aisenberg 等人[10]首先发表非晶态碳膜的论文，从而引起了人们的广泛关注。尽管非晶碳薄膜的性能在许多方面略逊于金刚石薄膜，但是与金刚石相比，非晶碳膜的制备相对简单，且制备的环境温度低，甚至可在室温制备，这放宽了对衬底的要求，如玻璃、塑料等都可以作为衬底材料，而且非晶碳薄膜的制备成本低、设备简单，容易获得较大面积的薄膜。因此，非晶碳薄膜比金刚石薄膜有更高的性能价格比，并且在许多领域可以代替，甚至超越金刚石薄膜。因此，对非晶碳薄膜制备和应用的研究具有重要的意义。

与金刚石薄膜相比，非晶碳薄膜的制备方法也更多样化，几乎所有用来制备金刚石膜的方法都可以用来制备非晶碳薄膜，主要包括物理气相沉积（PVD）和化学气相沉积（CVD），其中以磁控溅射方法和等离子体增强化学气相沉积最为常见，下面就简单介绍下这两种方法。磁控溅射（magnetron sputtering，MS）是沉积非晶碳薄膜常用的一种方法[11~14]，磁控溅射法具有沉积温度低、大面积及较高的沉积速率等特点，因而广泛应用于工业生产。其原理是以石墨为碳源，以惰性气体（Ar）离子溅射石墨靶产生碳原子和碳离子，在基体表面形成非晶碳薄膜。等离子体增强化学气相沉积（plasma enhanced chemical vapor deposition，PECVD），也是沉积非晶碳薄膜的一种重要的方法之一[15]，它是以碳氢气体作为碳源的辉光放电沉积技术，通常有微波等离子体、直流辉光放电、电子回旋共振系统等[16]。

在力学应用方面，非晶碳膜具有很高的机械硬度和抗耐磨性能，这得益于薄膜中含有金刚石结构的 sp^3键，薄膜中 sp^3含量越高，硬度越大。利用非晶碳薄膜的硬度及抗腐蚀性能，可以用作切削刀具、轴承、齿轮等易磨损机件的薄层及保护涂层。非晶碳薄膜具有良好的减摩特性和耐磨特性。研究表明：非晶碳薄膜在大气环境下表现出低的摩擦系数，且有很好的自润滑特性。非晶碳薄膜可以取代 TiN 薄膜，因此对于冶金机械设备的抗磨防腐具有重要价值。此外，非晶碳薄膜也有其他方面的重要应用。在光学应用方面，非晶碳薄膜具有很好的光学性能，如良好的光学透光性、宽的光学带隙，特别是在红外和微波频段的透光性和高的光学折射率，使非晶碳薄膜受到人们的广泛青睐。它不仅有红外增透作用，还有保护基底材料的功能。宽的光学带隙范围使得非晶碳薄膜在室温下有着较高的光致发光和电致发光特性，可实现在整个可见光范围内发光。因此，非晶碳薄膜也是一种很好的发光材料。在电学、微电子应用方面，非晶碳薄膜具有高的电阻率和绝缘性，可作为光刻电路板的掩膜，在规模集成电路制造中发挥优势。近年来，非晶碳薄膜在微电子领域的应用成了研究的热点。这是由于非晶碳薄膜较低的介电常数，且易在大的基底上成膜，有望成为下一代集成电路的介质材料。非晶碳薄膜的场发射性能成为近几年研究最多的方面，这源于其良好的化学稳定性，发射电流稳定，且不污染其他元器件。Seth 等人[17]曾研究了使用非晶碳薄膜在激光诱导反应离子刻蚀过程中作为单层掩膜转移微细图形的技术。宁兆元等人[18]研究了非晶碳薄膜的刻蚀性能，证明该种薄膜在氧等离子体中的刻蚀率很低，可以作为一种耐氧刻蚀的掩膜材料在微电子器件加工过程中应用。综合而言，非晶碳（a-C）薄膜具有一系列独特而可调性组合式的性能，例如高硬度和耐磨损、良好的化学稳定性等，且薄膜的自润滑性使其具有低摩擦系数，对保护冶金设备及关键零件具有重要意义，使其广泛应用于锤头、滚轮、切削具及轴承等零用件表面，成为保护涂层，以减少摩擦、磨损和腐蚀，提高其使用寿命[16]。

非晶碳薄膜是由 sp^2- C 和 sp^3- C 组成的非晶亚稳态材料。在各种制备方法出现后，人们开始探索非晶碳薄膜的基本性能、主要特征。随后，人们开始探索制备工艺与膜的性能之间的关系，提高非晶碳薄膜质量的研究以及掺杂元素来改善性能的研究。我国对非晶碳薄膜的研究起步相对较晚，目前研究较多的方面主要有：薄膜的内应力、热稳定性以及非晶碳薄膜相结构的转换控制。但是，由于非晶碳薄膜在生长过程中产生较高的内应力以及薄膜与基底物性不匹配造成的应力，不仅使非晶碳薄膜与基底的结合力差，而且限制了薄膜的厚度。对于薄膜内应力问题，人们尝试了很多种方法来提高其应用领域。近年来，发展了多层膜技术和掺杂技术。通过一层或多层的中间层系统作用于硬质镀层材料和基体材料之间改善它们的适应性，缓解化学键、线膨胀系数等性能的差别。研究表明，许多中间层是可行的，如 Si、Al、Cr、Mo、Ti、TiN、CrN、TiC、Si_3N_4、SiC 以及 Ti/TiC、N/TiN/Ti（N，C）等功能梯度复合膜[19,20]。这些有效的措施是制备高性能非晶碳薄膜的关键技术，可以实现其作为耐磨防腐和减摩表面防护材料，在冶金机械设备及关键零部件上的广泛而重要的应用，从而实现冶金企业经济效益的提升和行业的可持续发展[16]。

1.2.2 非晶碳薄膜的结构

碳材料作为自然界分布广泛的一种元素材料，具有多种存在形式，可以形成多种晶态和非晶态结构[21]，如常见的金刚石、石墨、无定形碳，以及近年来发现的碳纳米管和富勒烯等。由于碳可以形成几种杂化状态，即 sp^3 杂化、sp^2 杂化和 sp^1 杂化，因此不同形态的碳在性能上有一定的不同。在 sp^3 杂化中，碳原子的核外四个价电子与近邻原子形成 σ 键，指向正四面体的四个顶角，典型的例子为金刚石。在 sp^2 杂化中，核外的四个价电子中的三个在平面内与近邻原子形成 σ 键，而第四个价电子则进入 pπ 轨道，与近邻原子 pπ 轨道上的电子形成较弱的 π 键，典型的例子如石墨。价电子发生 sp^1 型杂化时，如白碳，两个价电子分别沿着 x 轴形成 σ 键，另外两个价电子则进入 y 和 z 方向的 pπ 轨道，形成 π 键[22]，如图 1.1 所示。

非晶碳薄膜不是由某一个单质组成，而是由 sp^3 和 sp^2 两种杂化键混合组成的，sp^3 键碳原子镶嵌在 sp^2 中，构成亚稳定的无规则的网络结构，而第四个价电子进入到处于该平面结构中的 π 轨道中，形成弱 π 键结合。非晶碳薄膜中的 sp^3 杂化键与金刚石的 σ 键类似，碳原子中的四个价电子按照四面体形式分布构成 sp^3 键杂化轨道，且每四个碳原子形成四面体配位，两相邻原子的距离约为

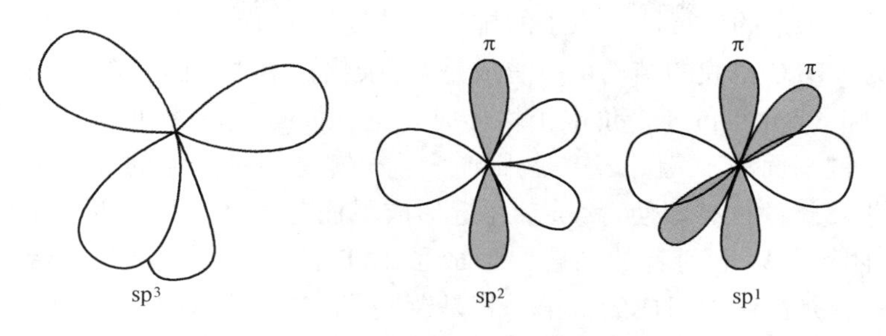

图 1.1 碳原子的杂化结构[22]

0.154nm，这使得非晶碳薄膜具有高硬度、高强度、高弹性模量、高热导率以及低线膨胀系数[23]。而非晶碳薄膜中的 sp^2 杂化键与石墨的 P 键相似，每层中的碳原子均以三重配位的 sp^2 键形式结合，两相邻原子间距约为 0.1415nm，层与层之间靠碳原子的第四个价电子形成范德华力结合，从而使非晶碳薄膜具有良好的电导率[24]。实验上，人们用各种技术沉积合成的非晶态碳膜，通常既含有 sp^3-C 又含有 sp^2-C，薄膜的结构和性能都介于金刚石和石墨之间。另外，在薄膜制备过程中，由于受沉积方式和沉积环境的影响，碳膜中还可能含有 H 等杂质，可以形成各种 C—H 键，这对薄膜的性质也有一定影响。根据薄膜中是否含氢，将非晶碳薄膜分成了两类，即无氢非晶碳（a-C）和含氢非晶碳膜（a-C：H）。

影响非晶碳薄膜性能的主要参数是膜中 sp^3 键的含量、H 含量以及薄膜的微观结构。而这些参数又直接受控于生长过程中轰击薄膜生长表面的正离子的能量和强度，以及等离子体中被激发和被离化的、对薄膜生长有贡献的含碳基团的浓度。Casiraghi 等人[25]根据膜中 sp^2、sp^3 以及氢含量的多少把含氢的非晶碳薄膜（a-C：H）划分为三大类：第一类为类石墨型非晶碳薄膜（graphite-like hydrogenated carbon，GLCH），该类型膜中含较高的 sp^2 和少量的氢；第二类为类金刚石型非晶碳膜（diamond-like carbon，DLC），该类型膜中 sp^3 及氢的含量相对较高；第三类为类聚合物型非晶碳薄膜（polymer-like hydrogenated carbon，PLCH），该类型膜中含有大量的氢和少量的 sp^2 成分[16]。

近年来，研究人员提出了多种 DLC 薄膜的结构理论及模型来理解 DLC 薄膜各种性质与微结构的关系。其中 DLC 薄膜最早的理论模型是 Beeman[26]提出的，他们构造出三种具有不同 sp^3 和 sp^2 杂化键碳原子含量的非晶碳薄膜模型，也给出了一种纯杂化键的非 Ge 模型，并将其按比例推广到金刚石。他们根据提出的模型，得出 DLC 薄膜的 sp^2 杂化键含量不可以超过 10%的结论，这个结论不太可能代表 DLC 薄膜的真实结果。其次根据模型，还得出了 DLC 薄膜需要较大压应力来适应高 sp^3 杂化键含量，这一结论与实验观察相一致。Robertson 等人[27,28]根据 Hnckel 计算非晶碳电子和原子结构的方法，以电子的波函数为基础，计算出 sp^3 杂化结构中第一近邻的相互作用和一些第二近邻的相互作用，同时还研究了带隙的形成、掺杂的可行性及原子的排列等，提出了 DLC 薄膜的两相结构模型。该模型认为：DLC 薄膜的结构可以看成是 sp^2杂化石墨团簇镶嵌在 sp^3杂化的金刚石基体中。sp^3杂化键的 4 个价电子均形成 σ 键，而 sp^2杂化键的第 4 个价电子形成垂直于 σ 键平面的 π 键。σ 键是强键，而 π 键是弱键。强的 σ 键构成空间网络结构的骨架，弱的 π 键使得 sp^2杂化键形成平面芳香环结构，并逐渐形成类似石墨的 sp^2团簇。以上两者的结合，形成了 DLC 薄膜的短程有序。综上可以认为，DLC 薄膜是由两相组成的：第一相是镶嵌 sp^3杂化基体中的 π 键团簇，决定 DLC 薄膜的光学和电学性能；第二相是缺陷和 sp^3杂化基体，是少数相，决定 DLC 薄膜的力学性能。DLC 薄膜还有一个比较重要的模型，是由 Phillips 和 Thorpe 提出的完全抑制无规则网络模型（fully constrained random networks model）。该模型的基本观点是，在非晶态随机共价网络中，当原子的平均抑制数与原子的自由度相等时，该结构被完全抑制。增加配位数，由于生产更多共价键而降低了体系能量，可以稳定的固体网络结构，但同时也由于键的拉伸及键角畸变而导致更大的应变能的形成。当平均约束数刚好等于网络允许的自由度时，这两方面的效应正好相互抵消，网络处于稳定状态。因此，可以为含氢 DLC 薄膜中的碳原子定义一个最佳的平均配位数，该网络就处于过抑制状态，具有很高的内应力和硬度；反之则是欠抑制的，网络软而松弛。Angus 等人[29~31]在此模型的基础上，绘制了 sp^3、sp^2杂化碳原子和 H 组成的 DLC 薄膜结构示意图，如图 1.2 所示[32]。

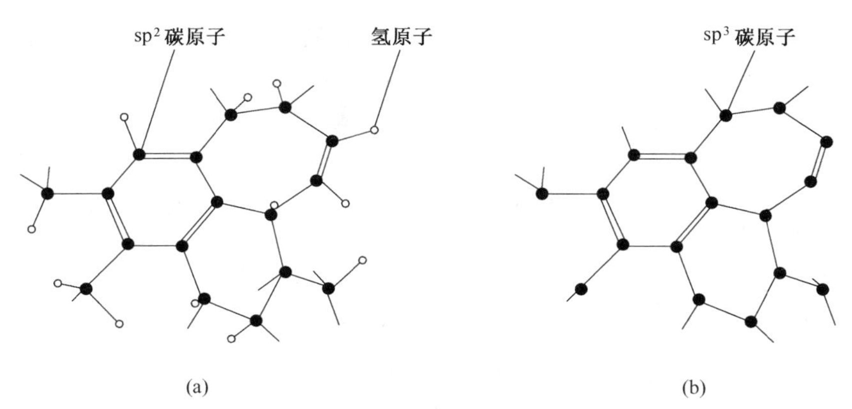

图 1.2 sp^2、sp^3杂化的非晶碳薄膜示意图[32]

（a）sp^2 杂化；（b）sp^3 杂化

1.2.3 非晶碳薄膜的力学性能

非晶碳薄膜具有较高的硬度和弹性模量，而且变化范围很大。不同沉积方法制备出的薄膜结构差异很大，故其硬度值和弹性模量值相差很大，而归根结底，最基本的影响因素是薄膜中具有金刚石特点的 sp^3 键与具有石墨特点的 sp^2 键的比例，即 sp^3/sp^2，该比值越大，则薄膜硬度越高。同时 H 含量也影响着非晶碳薄膜的力学性能。Friedmann 等人[33]采用脉冲激光沉积法制备出 sp^3 键含量达到85%以上的非晶碳薄膜，其硬度值高达 80~88GPa。若采用较低能沉积相，比如磁控溅射法，制备得到的非晶碳薄膜的应力、sp^3 键含量和硬度相对比较低，多为10~30GPa[34,35]。sp^3 键的含量有助于提高非晶碳薄膜的硬度，同时也提高了共价键结合的碳原子平均配位数，增大薄膜的内应力。内应力过大会导致薄膜稳定性较差、使用寿命短等后果，限制了非晶碳薄膜在实际生活中的应用。除了高硬度外，非晶碳薄膜还具有优异的减摩和耐磨特性，对该薄膜的研究一般是从摩擦学领域开展的。研究表明[36,37]，在大气环境下，非晶碳薄膜表现出较低的摩擦系数（一般小于 0.2）。由于它的高硬度以及优异的减摩耐磨性能，使其在摩擦学领域得到广泛应用，比如用作轴承、齿轮、摇杆、活塞以及切削具等的保护涂层，从而提高这些机械零件的耐磨性与使用寿命[24]。

非晶碳薄膜有着优异的力学性能，如高硬度和大的弹性模量，但非晶碳薄膜在实际应用中依然受到了很大的限制，一是膜层中存在高的内应力，限制了薄膜的最大厚度。DLC 薄膜的内应力可分为热应力和本征应力。热应力主要是薄膜和基底之间线膨胀系数的差异造成的，此外热应力的大小还受镀膜工艺参数的影响。本征应力主要是由薄膜生长过程中的内部缺陷造成的。二是膜层与各类基底之间的膜基结合力较低，造成薄膜容易起皮甚至从基底上脱落，严重影响了膜层的使用寿命。例如，在机械部件应用上，传统的非晶碳薄膜与许多金属基体结合性较差，薄膜内部存在较大压应力（高达 10GPa），高应力使得非晶碳薄膜在厚度方面也受到制约[38]。所以改善非晶碳薄膜内应力和膜基结合力成了扩大非晶碳薄膜应用的关键所在，综合国内外一系列研究，发现改善 DLC 薄膜中内应力及膜-基结合力的有效工艺手段，主要包括：（1）在非晶碳薄膜中掺入金属或非金属；（2）在非晶碳薄膜和基底之间引入过渡层或梯度层；（3）在考虑非晶碳薄膜内部作用特性的基础上优化薄膜沉积工艺。具体介绍如下：

（1）掺杂。掺杂不同元素制备的非晶碳复合膜可有效改善薄膜的力学和摩擦学性能，国内外学者通过掺入 F、N、Si 和金属元素等来实现这一目的。Bootkul 等人[39]采用过滤阴极真空电弧（FCVA）技术在硅基底上沉积氮掺杂非晶碳薄膜。研究发现，与沉积在硅基底上的非晶碳薄膜相比，氮的注入降低了薄膜的硬度，但是纳米划痕实验显示临界载荷增加，这说明基底和薄膜间的附着力增加，此外，薄膜的摩擦学特性改善 20%~90%。这表明氮的掺杂在改善薄膜的膜基结合力的同时，牺牲了薄膜的硬度。Bendavid 等人[40]通过等离子体增加化学气相沉积技术（PECVD）制备氟化非晶碳薄膜，研究氟掺杂对非晶碳薄膜性能的影响。结果发现，氟元素加入导致DLC薄膜更低的内应力和硬度，但是可以改善薄膜的抗菌活性。Mutafov等人[41]采用磁控溅射在气门挺杆上沉积钨掺杂的氢化非晶碳薄膜，结果表明，制备的薄膜表现出良好的附着力，硬度约为15GPa。纳米碳化钨颗粒嵌入到碳基体中，氢原子含量为25%，sp^2/sp^3比例接近80%。在销盘摩擦磨损试验和发动机测试中，该涂层都表现出优异的耐磨损性。此外使用离子注入磁控溅射法制备了Ti合金化非晶碳薄膜，发现薄膜中含有纳米晶的TiC结构，在450℃的环境温度下，薄膜仍然保持了良好的耐磨性。采用PECVD法制备了Cu合金化非晶碳薄膜，发现Cu原子不能和C形成化学键，但是它们会以纳米颗粒的形式在DLC薄膜中重新排列，Cu纳米微粒可显著提高薄膜承载能力，此外还可以促使摩擦过程中产生微滚动效应，从而使薄膜的摩擦系数降低，提高了其耐磨寿命。因此，通过规范一/二/多元金属掺入的制备工艺，控制其相对含量，可以得到高硬度、低摩擦系数和低应力的非晶碳复合薄膜，但是要找出薄膜组分和性能之间的规律，还需要进一步的实验研究。

（2）多层膜。非晶基多层膜结构种类繁多，总的来讲，可归纳为两类：一类是由较软的非晶碳薄膜（sp^3含量较低、内应力较小的膜层）和硬度很高、内应力很大的非晶碳薄膜（sp^3含量很高）交替沉积而得到的多层膜，具有这种结构的薄膜中较软的膜层使硬膜层中的内应力得到释放[42,43]。另一类是由金属（非金属）碳化物或氮化物和sp^3键含量较高的非晶碳薄膜组成的多层膜。由于作为软质层的材料种类很多，这类多层膜的研究也较广泛，其膜层中硬质层的内应力也能通过较软层得到有效释放。Dwivedi等人[44]采用PECVD方法制备了Cu/DLC双层膜，研究发现，薄膜的内应力减小到1GPa，力学性能得到明显改善。Wang等人[45]采用非平衡磁控溅射技术在M_2钢基底上沉积了不同厚度的Cr(N)/C(DLC)双层膜。结果表明，薄膜的膜基结合力明显增强，同时在干摩擦试验中，最薄的双层膜具备最好的抗磨损性能。Martini等人[46]在Ti-6A1-4V合金基体上沉积了CrN、CrN/NbN和WC/DLC多层膜，结果显示，WC/DLC多层膜的摩擦系数显著下降，具有较高的硬度，并与基体的弹性模量最匹配。另外，Zhou[47,48]制备了TiN/DLC和Cu/DLC多层膜。结果表明，薄膜与基底间的结合强度明显提高，同时又保证了多层非晶碳薄膜具有较高的硬度和较低的内应力。为了减小非晶碳薄膜的内应力，通常也采用梯度膜，目的之一是减小非晶碳薄膜与基底之间较大的物理性质的差异，如线膨胀系数等的不匹配，这种差异会导致膜具有很高的内应力。梯度膜对内应力的作用类似于多层膜中的较软膜层，多层膜内应力通过梯度膜得到释放。与单层非晶碳薄膜相比，梯度复合薄膜具有优良的膜基结合力，也就意味着梯度复合薄膜具有更广阔的应用范围[49]。

1.2.4 非晶碳薄膜的耐磨性能

非晶薄膜材料良好的自润滑性和较高的抗磨特性，使其成为最有发展潜力的固体减摩抗磨涂层之一。研究表明，在惰性或真空环境下含氢非晶基薄膜材料的摩擦系数能够达到 10^{-3}数量级，是目前所观察到的可以用于实际工况且具有最低摩擦系数的固体润滑材料[50]。但受不同制备工艺、环境气氛及掺杂元素等因素的影响，非晶碳基薄膜的摩擦系数一般会在较大的范围内变化[51~53]。由于在惰性或真空环境下，非晶碳基薄膜材料具有非常低的摩擦和磨损特性，因此，非晶碳基薄膜材料被认为是良好的空间润滑涂层。欧洲空间中心摩擦实验室在评价了各种空间润滑材料后，将非晶碳基薄膜材料发展为未来空间润滑防护涂层给出了肯定的结论[54]。影响非晶碳薄膜摩擦学性能的固有因素有很多，如基体材料、薄膜表面的结构和粗糙度、掺杂元素、sp^2和 sp^3两种杂化键的比率以及氢含量等都会对非晶碳薄膜的摩擦磨损行为产生重要的影响，国内外学者对此进行了大量深入的研究。一方面是 sp^2/sp^3杂化键比率和氢含量的影响，非晶碳薄膜是一种亚稳态的非晶碳薄膜，主要包含 sp^2和 sp^3两种杂化方式，同时可能含有一定量的氢原子。研究表明[55~58]，非晶碳薄膜中的氢含量可以为 0~60%，sp^3杂化键含量可以为 30%~85%。不同的 sp^2/sp^3杂化键比率和氢含量会导致 非晶碳薄膜具有不同的键合状态和微观结构，从而表现出不同的摩擦学性能。在高真空环境下，不同 sp^3杂化键含量和氢含量会对非晶碳薄膜的摩擦磨损性能产生显著影响，当 sp^3杂化键含量和氢含量都较低时，薄膜在高真空中的摩擦系数高达 0.5，而当 sp^3杂化键含量和氢含量都较高时，薄膜在高真空中的摩擦系数仅为 0.01[59]。在干燥氮气环境下，氢含量越高，非晶碳薄膜的摩擦学性能越优异。另一方面是表面粗糙度的影响，通常情况下，DLC 薄膜的表面粗糙度越大，滑动表面间的机械咬合作用就越严重，薄膜的摩擦系数越高，磨损率越大；反之，非晶碳薄膜的表面越光滑，摩擦系数和磨损率就越低。Holmberg 等人[60]在研究薄膜的摩擦磨损行为时指出，当非晶碳薄膜具有宏观尺度的粗糙表面（$Ra=0.1\sim1.0\ \mu m$）并在大气、水润滑和油润滑环境中摩擦时，摩擦系数为 0.01~0.60，磨损率 $k=(0.0001\sim1.0000)\times10^{-6}\ mm^3/(N\cdot m)$。此时的接触机理为薄膜表面的石墨化，$sp^2$石墨基体内的剪切力导致较低的剪切阻力。在某些情况下，粗糙的表面会阻止石墨化转变从而导致较高的摩擦磨损；当非晶碳薄膜具有微尺度光滑表面（$Ra=0.01\sim0.10\mu m$）并在大气下与钢或陶瓷对磨时，薄膜的摩擦系数为 0.05~0.30，磨损率 $k=(0.0001\sim10.0000)\times10^{-6}\ mm^3/(N\cdot m)$。此时的接触机理为首先会通过在对偶面上形成含有 Al、C、Cr 以及 Fe 的转移层，从而使对偶面更加光滑，转移层的厚度在 100~200nm 之间。在非晶碳薄膜表面和对偶面的转移层上会同时发生石墨化转变，剪切发生在具有 sp^2杂化结构的石墨化表层；当非晶碳薄膜具有纳米尺度的分子级光滑表面（$Ra=1\sim30nm$）并在干燥氮气中摩擦时，薄膜的摩擦系数为 0.001~0.150，磨损率 $k=(0.00001\sim0.10000)\times10^{-6}mm^3/(N\cdot m)$。此时的接触机理为剪切发生在悬键上氢原子的两平面层之间，偶极电荷作用使得两摩擦表面的悬空原子均从表面脱离并产生排斥力，从而保持极低的摩擦系数。由此可见，非晶碳薄膜的表面粗糙度对其摩擦学性能具有重要的影响。还有就是掺杂元素的影响，非晶碳薄膜通常具有很高的内应力且韧性较差，难以获得理想的薄膜厚度和膜基结合强度，大大限制了其在工程实际中的应用[61,62]。研究表明[63~66]，在非晶碳薄膜中掺杂元素并通过控制掺杂元素的种类、含量、分布等来制备具有特殊结构和性能的 DLC 薄膜，可降低薄膜的内应力并改善其摩擦学性能。一般来讲，非金属元素在掺入 DLC 薄膜时均会与薄膜中的碳原子发生不同程度的键合，导致薄膜内部结构的重组，改变薄膜中 sp^2/sp^3杂化键比率和氢含量，从而达到提高薄膜的热稳定性和摩擦学性能的目的[64]。Gassner 等人[67,68]在系统研究 Cr-DLC 薄膜微观结构及化学组成时发现，当薄膜中的 CrC 纳米颗粒处于 2~10nm 之内并高度分散时，薄膜表现出较低的摩擦系数和良好的耐磨损性能，并进一步指出石墨化是决定 DLC 薄膜具有低摩擦系数的关键因素，而 CrC 纳米晶颗粒的存在可大幅度提高薄膜的力学性能，因此必须合理控制 CrC 纳米晶颗粒与 a-C：H 的相对比例，同时保证 CrC 纳米晶颗粒的尺寸在 2~10nm 且均匀分布在非晶碳薄膜内，才能达到 Cr-DLC 摩擦学性能的整体优化。有关化合物掺杂对 DLC 薄膜摩擦学性能影响研究虽开展得相对较晚，但近年来已逐渐成为热点[69]。

非晶碳薄膜的摩擦磨损是一个非常复杂的过程，受到诸多固有因素和外在因素的影响，通过分析不同因素对于非晶碳薄膜的摩擦学性能的影响及其机理，有助于理解薄膜摩擦磨损的本质，扩宽薄膜的应用范围，丰富提高薄膜摩擦学性能的手段。近年来，随着对非晶碳薄膜制备技术、结构设计以及各种环境下摩擦学性能研究的不断深入，其应用范围不断扩宽，但同时薄膜的服役环境也更加复杂多样，这对非晶碳薄膜在不同环境条件下的摩擦学性能及其稳定性都提出了更高的要求，相信未来将有望实现对于 DLC 薄膜微结构的控制，同时通过各种先进技术的复合来逐步改善薄膜内应力高、热稳定性差以及由于环境敏感性导致的服役寿命不足等一系列问题。

1.2.5　非晶碳薄膜的防腐性能

非晶薄膜材料不仅具有优异的抗磨减摩性能，由于其是 sp^3和 sp^2两种杂化键混合组成的，sp^3键碳原子镶嵌在 sp^2中，构成亚稳定的无规则的网络结构，这种结构特性使其具有良好的化学稳定性，而且具有优异的抗腐蚀性能。刘龙等人[70]通过直流反应磁控溅射系统在 304 不锈钢基体上成功制备了含铁非晶碳薄膜，并研究了该含铁非晶碳薄膜的润湿性及抗腐蚀行为。结果表明所制备薄膜具有典型的非晶结构。随着制备过程中甲烷流量的减小，薄膜中 sp^3碳含量降低，薄膜致密度逐渐降低。随着甲烷流量的降低，薄膜表面的疏水性能逐渐减小，且自腐蚀电位向负向偏移，腐蚀电流密度逐渐增大。较高甲烷流量下制备的非晶碳薄膜的水接触角最高，拥有优异的耐腐蚀性能。隋解和等人[71]研究了非晶碳薄膜在 NiTi 合金表面的防腐蚀行为，腐蚀测试显示镀有非晶碳薄膜试样上仅有少量小而浅的点蚀坑，而基体试样表面被腐蚀成大而深的侵蚀坑。分析其原因是试样在 Hank's 溶液的侵蚀下，活性 Cl^- 优先吸附在基体表面膜上，替代了表面膜中的氧，生成可溶性的氯化物，局部发生阳极溶解而出现蚀坑。当在基体试样上镀上非晶碳薄膜后，由于非晶碳薄膜取代了氧化膜层，从而显著提高基体的抗点蚀能力。因此，类金刚石膜明显提高了 NiTi 合金的抗点蚀能力，从而显著地提高 NiTi 合金的耐腐蚀性。

参考文献

[1] 薛典民，赵久梁．钢铁工业设备液压与润滑轮文选集（1998~2001）[M]．北京：冶金工业出版社，2001：311．

[2] 涂乐长．冶金机械设备齿轮减速器的润滑 [J]．江西冶金，2003，23（6）：143~145.

[3] 董浚修．润滑原理及润滑油 [M]．北京：中国石化出版社，1987：87.

[4] 冶金部钢铁企业设备管理与维修技术交流中心润滑组．冶金设备润滑技术基础知识 [M]．北京：中国石化出版社，1991：303.

[5] 邹伟鸿，洪艳霞．冶金设备磨损失效诊断与实例分析 [J]．甘肃冶金，2013，35（4）：123，124.

[6] Robertson J. Diamond-like amorphous carbon [J]. Mater. Sci. Eng. R，2002，37（4~6）：129~281.

[7] Robertson J. Properties of diamond-like carbon [J]. Surf. Coat. Technol，1992，50（3）：185~203.

[8] Lifshitz Y. Hydrogen-free amorphous carbon films：correlation between growth conditions and properties [J]. Diamond Relat. Mater，1996，5（3~5）：388~400.

[9] Grill A. Diamond-like carbon coatings as biocompatible materials—an overview [J]. Diamond Relat. Mater，1999，8（12）：166~170.

[10] Aisenberg S，Chabot R. Ion-Beam Deposition of Thin Films of Diamond like carbon [J]. J. Appl. Phys，1971，42（7）：2953~2958.

[11] Wang D，Chang C. Influences of optical emission settings on wear performance of metal-doped diamond-like carbon films deposited by unbalanced magnetron sputtering [J]. Thin Solid Films，2001，392（1）：11~15.

[12] Ting J M，Lee H. DLC composite thin films by sputter deposition [J]. Diamond Relat. Mater，2002，11（3-6）：1119~1123.

[13] Chowdhury S，Laugier M T，Rahman I Z. Effect of target self-bias voltage on the mechanical

properties of diamond-like carbon films deposited by RF magnetron sputtering [J]. Thin Solid Films, 2004, 468 (1, 2): 149~154.

[14] Zhang S, Bui X L, Fu Y Q. Magnetron sputtered hard a-C coatings of very high toughness [J]. Surf. Coat. Technol. , 2003, 167 (2, 3): 137~142.

[15] Kim Y T, Cho S M, Choi W S, et al. Dependence of the bonding structure of DLC thin films on the deposition conditions of PECVD method [J]. Surf. Coat. Technol. , 2003, 169~170: 291~294.

[16] 杨世波. 非晶碳膜的制备和研究 [D]. 南京: 南京航空航天大学, 2010.

[17] Seth J, Babu S V, Ralchenko V G, et al. Lithographic application of diamond-like carbon films [J] . Thin Solid Films, 1995, 254 (1, 2): 92~95.

[18] 宁兆元, 程珊华. 非晶含氢碳膜的氧等离子体刻蚀性能研究 [J]. 物理学报, 1999, 48 (10): 1950~1956.

[19] Wang J S, Sugimura Y, Evans A G, et al. The mechanical performance of DLC films on steel substrates [J]. Thin Solid Films, 1998, 325 (1, 2): 163~174.

[20] Glozman O, Hoffman A. Adhesion improvement of diamond films on steel subtrates using chromium nitride interlayers [J]. Diamond Relat. Mater, 1997, 6 (5~7): 796~801.

[21] Robertson J. Amorphous carbon [J]. Adv. Phys, 1986, 35 (4): 317~422.

[22] 吴坚清. 非晶态碳膜和碳氮薄膜的结构与性质 [D]. 天津: 天津大学, 2008.

[23] 李端玲, 磁控溅射多层薄膜和复合薄膜的结构调控及摩擦性能 [D]. 杭州: 浙江大学, 2010: 1~57.

[24] 蔡建宾. 磁控溅射非晶碳基薄膜的结构设计与机械性能 [D]. 杭州: 浙江大学, 2014.

[25] Casiraghi C, Ferrari A C, Robertson J. Raman spectroscopy of hydrogenated amorphous carbon [J]. Phys. Rev. B, 2005, 72 (8): 85401.

[26] Beeman D. Modeling Studies of Amorphous Carbon [J]. Physical Review B, 1984, 30 (2): 870~875.

[27] Robertson J, O' Reilly E R. Electronic and Atomic Structure of Amorphous Carbon [J]. Physics Review B, 1984, 30 (2): 870~875.

[28] Robertson J. Mechanical properties and coordinations of amorphous carbons [J]. Physics Review Letters, 1992, 68 (2): 220~223.

[29] Angus J C, Jansen F. Dense "diamondlike" hydrocarbons as random covalent networks [J]. Journal of Vacuum Science and Technology A, 1988, 6 (3): 1778~1782.

[30] Angus J C. Diamond and Diamond-Like Films [J]. Thin Solid Films, 1992, 216: 126~133.

[31] Angus J C, Wang Y X, Sunkara M. Metastable growth of diamond and diamond-like phases [J]. Annual Review of Materials Science, 1991, 21 (1): 221~248.

[32] 祝闻. 类金刚石薄膜的环境摩擦学特性和电化学腐蚀性能研究 [D]. 重庆: 西南大学, 2014.

[33] Friedmann T A. McCarty K F, Barbour J C, et al. Thermal stability of amorphous carbon films grown by pulsed laser deposition [J]. Applied Physics Letters, 1996, 68 (12): 1643~1645.

[34] Myung H S, Park Y S, Jung M J, et al. Synthesis and mechanical properties of amorphous carbon films by closed. field unbalanced magnetron sputtering [J]. Materials Letters, 2004, 58 (9): 1513~1516.

[35] Ahmad I, Roy S S, Maguire P D, et al. Effect of substrate bias voltage and substrate on the structural properties of amorphous carbon films deposited by unbalanced magnetron sputtering [J]. Thin Solid Films, 2005, 482 (1): 45~49.

[36] Charitidis C, Logothetidis S, Gioti M. A comparative study of the nanoscratching behavior of amorphous carbon films grown under various deposition conditions [J]. Surface and Coatings Technology, 2000, 125 (1): 201~206.

[37] Hirvonen J P Lappalainen R, Koskinen J, et al. Tribological characteristics of diamond-like films deposited with an are-discharge method [J]. Journal of Materials Research, 1990, 5 (11): 2524~2530.

[38] Jin C, Zhou H, Graham S, et al. In situ Raman spectroscopy of annealed diamond-like carbon-metal composite films [J]. Appl. Surf. Sci, 2007, 253 (15): 6487~6492.

[39] Bootkul D, Supsermpol B, Saenphinit N, et al. Nitrogen doping for adhesion improvement of DLC film deposited on Si substrate by Filtered Cathodic Vacuum Arc (FCVA) technique [J]. Appl. Surf. Sci, 2014, 310 (8): 284~292.

[40] Bendavid A, Martin R J, Randeniya L, et al. The properties of fluorine containing diamond-like carbon films prepared by plasma-enhanced chemical vapour deposition [J]. Diamond Relat. Mater, 2009, 18 (1): 66~71.

[41] Mutafov P, Lanigan J, Neville A, et a1. DLC-W comings tested in combustion engine-Frictional and wear analysis [J]. Sure Coat. Technol, 2014, 260 (260): 284~289.

[42] Castillo H A, Restrepo-Parra E, Arango-Arango P J. Chemical and morphological difference between TiN/DLC and a-C: H/DLC grown by pulsed vacuum arc techniques [J]. Appl. Sure Sci, 2011, 257 (7): 2665~2668.

[43] 沟引宁，黄楠，孙鸿. C/C 多层类金刚石薄膜的热稳定性研究 [J]. 真空科学与技术学报，2008，28：557-560.

[44] Dwivedi N, Kumar S, Dayal S, et al. Studies of nanostructured copper/hydrogenated amorphous carbon multilayer films [J]. J. Alloy. Compd, 2011, 509 (4): 1285~1293.

[45] Wang L, Nie X, Lukitsch M J, et al. Effect of tribological media on tribological properties of multilayer Cr(N)/C(DLC) coatings [J]. Sure Coat. Technol, 2006, 201 (7): 4341~4347.

[46] Martini C, Ceschini L. A comparative study of the tribological behaviour of PVD coatings on the Ti-6AI-4V alloy [J]. Tribol. Int, 2011, 44 (3): 297~308.

[47] Zhou B, Jiang J. X, Rogachev A. V, et al. Growth and characteristics of diamond-like carbon films with titanium and titanium nitride functional layers by cathode arcplasma [J]. Sure Coat. Technol, 2013, 223 (6): 17~23.

[48] Zhou B, Jiang J X, Rogachev A V, et al. Structure and mechanical properties of diamond-like carbon films with copper functional layer by cathode arc evaporation [J]. Sure Coat. Technol,

2012, 208 (208): 101~108.

[49] 叶兵. 基于类金刚石碳的金属复合薄膜的制备及其力学性能研究 [D]. 南京: 南京理工大学, 2015.

[50] Erdemir A, Eryilmaz O L, Nilufer I B, et al. Synthesis of superlow-friction carbon films from highly hydrogenated methane plasmas [J]. Surface and Coatings Technology, 2000, 133~134: 448~454.

[51] 李刘合, 夏立芳, 张海泉, 等. 类金刚石碳膜的摩擦学特性及其研究进展 [J]. 摩擦学学报, 2001, 21 (1): 76~80.

[52] Anderson J, Erck R A, Erde mi A. Friction of diamond-like carbon films in different atmospheres [J]. Wear, 2003, 254: 1070~1075.

[53] Li H, Xu T, Wang C, et al. Humidity dependence on the friction and wear behavior of diamond-like carbon film in air and nitrogen environments [J]. Diamond and Related Materials, 2006, 15 (10): 1585~1592.

[54] Vercammen K, Meneve J, Dekempeneer E, et al. Study of RF-PACVD diamond-like carbon coatings for space mechanism applications [J]. Surface and coatings technology, 1999, 120~121 (99): 612~617.

[55] Robertson J. Amorphous carbon [J]. Advances in Physics, 1986, 35: 317~374.

[56] Eisele k m, Rothemund W , Dischler B. Photolytic silicon-nitride deposition for gallium-arsenide by 193-nm excimer laser-radiation [J]. Vacuum, 1990, 41: 1081~1083.

[57] Mckenzie D R. Tetrahedral bonding in amorphous carbon [J]. Reports on Progress in Physics, 1996, 59: 1611~1664.

[58] Weiler M, Sattel S, Jung K , et al. Highly tetrahedral , diamond-like amorphous hydrogenated carbon prepared from a plasma beam source [J]. Applied Physics Letters, 1994, 64: 2797~2799.

[59] Raveh A, Martinu L, Hawthorne H M, et al. Mechanical and tribological properties of dual-frequency plasma-deposited diamond-like carbon [J]. Surface and Coatings Technology, 1993, 58: 45~55.

[60] Holmberg K, Ronkainen H, Laukkanen A, et al. Friction and wear of coated surfaces-scales, modelling and simulation of tribomechanisms [J]. Surface and Coatings Technology, 2007, 202: 1034~1049.

[61] Erdemir A, Donnet C. Tribology of diamond-like carbon films: Recent progress and future prospects [J]. Journal of Physics D: Applied Physics, 2006, 39 (18): 311~327.

[62] Hauert R. An overview on the tribological behavior of diamond-like carbon in technical and medical applications [J]. Tribology International, 2004, 37 (11, 12): 991~1003.

[63] 郭延龙, 孙有文, 王淑云, 等. 金属掺杂类金刚石碳基薄膜的研究进展 [J]. 纳米科技, 2008 (6): 13~16.

[64] 郭延龙, 孙有文, 王淑云, 等. 非金属掺杂类金刚石碳基薄膜的研究进展 [J]. 激光与光电子学研究进展, 2009 (4): 33~37.

[65] Ting J M, Lee H. DLC composite thin films by sputter deposition [J]. Diamond and Related Materials, 2002, 11 (3~6): 1119~1123.

[66] 赵建生，许大庆. 非平衡磁控溅射类金刚石薄膜的抗刻划性能及氟对结合强度的影响 [J]. 机械工程学报, 1999, 35 (5): 80~84.

[67] Gassner G, Patscheider J, Mayrhofer P H, et al. Tribological properties of nanocomposite CrCx/a-C: H thin films [J]. Tribology Letters, 2007, 27 (1): 97~104.

[68] Gassner G, Patscheider J, Mayrhofer P H, et al. Structure of sputtered nanocomposite CrC x/a-C: H thin films [J]. Journal of Vacuum Science and Technology B, 2006, 24 (4): 1837~1843.

[69] 雍青松，王海斗，徐滨士，等. 类金刚石薄膜摩擦机理及其摩擦学性能影响因素的研究现状 [J]. 机械工程学报, 2016, 52 (11): 95~107.

[70] 刘龙，周升国，庄晓芸，等. 含铁类金刚石薄膜的润湿性能和抗腐蚀行为 [J]. 表面技术, 2017, 46 (1): 169~174.

[71] 隋解和，吴 冶，王志学，等. NiTi 合金表面类金刚石膜的表面特征和腐蚀行为 [J]. 稀有金属材料与工程, 2007, 36 (2): 255~258.

2　非晶碳薄膜制备技术

2.1　气相沉积技术

近年来表面工程学发展迅速，新的沉积薄膜技术层出不穷，气相沉积技术就是其中典型的制备薄膜新技术之一。气相沉积是在真空环境中，产生被沉积物质的蒸气或离子，然后冷却凝结在基底上产生所需的薄膜，一般膜层大概为0.1~5μm。气相沉积技术可分为：化学气相沉积（简称CVD）和物理气相沉积（简称PVD）。化学气相沉积包括低压CVD（LPCVD）、常压CVD（APCVD）、超高真空CVD（UHCVD）、等离子体增强CVD（PECVD）等；物理气相沉积包括真空蒸发、溅射镀、离子镀。这种真空气相镀膜技术属于干式镀膜，与湿式镀膜（电镀，化学镀）相比，具有膜不受污染、膜纯度高、膜材和基材选择性高、节省材料、保护环境等优点。

在物理气相沉积的情况下，薄膜材料是在熔融或固态蒸发或溅射得到的，而在化学气相沉积的情况下，膜层是由进入高温沉积区的气体解离而产生的。由于通过气相沉积获得的薄膜层具有结构紧凑、厚度均匀、与基板的良好黏附性等优点，并且可以制备多种功能薄膜，因此，作为一种新的沉积薄膜技术，它获得了很大的关注。目前关于气相沉积技术的研究日渐成熟，也已广泛地应用于制备各种薄膜材料[1, 2]。

2.1.1　等离子体增强化学气相沉积技术

等离子体增强化学气相沉积（PECVD）是在低气压下，利用低温等离子体在工艺腔体的阴极上产生辉光放电，加热样品，使其升温至设定温度，然后通入适量的工艺气体，这些气体经过一系列的化学反应或者等离子反应，最终在样品表面沉积固态薄膜[3]。等离子体增强化学气相沉积原理如图2.1所示[4]。

在PECVD中等离子的本质是依靠等离子体里面的电子所带的动能去激发气相的化学反应。等离子体是由离子、电子、中性原子和分子组成的，在宏观上呈电中性，而且等离子体中等离子体的内能存储着大量的能量。等离子体包含了热等离子体和冷等离子体两种。在PECVD系统中属于冷等离子体，是由于低压气体放电而形成的[4]。

目前PECVD的设备主要有直接式和离域式两种。直接式所沉积的薄膜拥有较高的致密度，但薄膜不够均匀且沉积速度慢。离域式设备等离子体激发出去后不会直接飞向样品表面，而是通过管子与反应气体在腔体里面反应，最后沉积在样品表面上。这种方法沉积薄膜速度快，但致密度不够好。目前直接式 PECVD 设备应用更为广泛。如德国的 Centrotherm 公司制造的管式 PECVD，设备分为 5 个板块：样品装载区、加热系统、供气系统、真空系统和控制系统。沉积腔体为石英管，沉积薄膜就在管内进行，只需将基底处理后放入石英管即可。加热系统可将样品台加热至预定温度，适合的温度可以使沉积的薄膜更显致密。供气系统为沉积薄膜提供各种各样的保护性气体以及反应气体，并且供气系统采用气动阀，可以最大程度避免火花的产生，保证实验安全。真空系统配置抽气泵，按照需求抽至需要的气压，调节蝶阀的开合度，可以控制腔体内气压[4]。

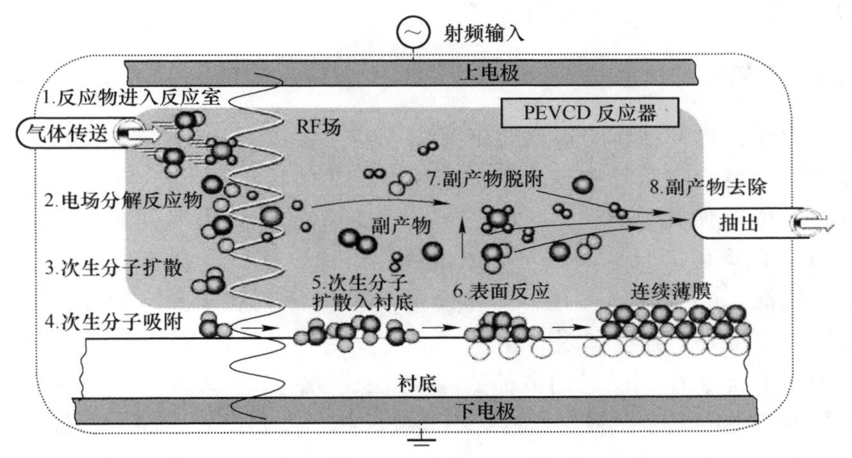

图 2.1 离子体增强化学气相沉积原理图[4]

2.1.2 多弧离子镀技术

离子镀技术是在 20 世纪 60 年代初发展起来的，在真空蒸镀和真空溅射的基础上，研究人员发明了这种新型的沉积薄膜技术。而多弧离子镀属于离子镀的一种改良方法，是离子镀技术中的较为先进的一种，多弧离子镀技术最先由前苏联研究开发，在 20 世纪 80 年代初，美国的 Multi-Arc 公司首先把这种技术实用化，开启了多弧离子镀技术在工业上的应用。

2.1.2.1 多弧离子镀的原理

多弧离子镀的蒸发源结构主要由水冷阴极、磁场线圈、引弧电极等结构组成。阴极材料是待镀膜材料。在 $10\sim10^{-1}$Pa 真空环境下，接通电源，引弧电极与阴极电极接触。在电极离开的时刻，因为导电面积的迅速减少和电阻增大，使得局部区域的温度迅速提高，阴极材料在高温下熔化成液体进行传导，最后大量的金属蒸发而形成镀膜材料。阴极表面产生一种特殊的高温区域，产生等离子体，引燃电弧，并保持低电压高电流电弧连续放电特性。在镀膜材料表面形成许多明亮的且不停移动的小点，称为阴极弧斑。阴极弧斑的尺寸极小，根据研究人员测定尺寸为1~100nm，电流密度极高，达10^5~10^7 A/cm^2。在蒸发镀膜材料之后，金属离子在阴极表面附近形成空间电荷，并且有形成新的电弧斑的基础，产生更多的阴极弧斑，大量阴极弧斑持续产生，维持总电弧电流的稳定性。磁场可以控制阴极弧斑的运动方向和速度，适当的磁场强度可以使弧斑更加小并且均匀分散，可以对阴极表面实现均匀刻蚀。多弧离子镀的基本原理是以金属蒸发源（靶源）为阴极，通过金属蒸发源与阳极壳之间的电弧放电。靶材被蒸发和电离形成空间等离子体，对工件进行沉积镀覆[5]。

2.1.2.2　多弧离子镀的特点

多弧离子镀是一种新的物理气相沉积工艺，从20世纪70年代初开始研究，在沉积薄膜领域的应用越来越广泛，这种新工艺的特点如下：（1）电弧蒸发源稳定性好，可以使用多个电弧蒸发源，可以提高沉积速率使膜层厚度均匀；（2）金属离化率可达80%以上，所以沉积膜层速度快，有利于提高膜基结合力和膜层的性能；（3）一弧多用，简化设备；（4）入射粒子具有较高的能量，沉积膜层的致密度好，强度和耐磨性好。

40多年以来，中国已经用多种PVD方法成功制备了多弧离子镀涂层。由于影响膜层质量的因素多而复杂，针对不同的薄膜，需要设立不同的参数，以制备质量稳定的、可满足不同研究方向、特殊性能要求的工艺条件。因此，不断研究镀膜工艺（参数）与膜层性能（指标）之间的关系，以实现膜层优异性能与工艺优化设计，始终是研究人员致力的目标[6,7]。

2.1.3　磁控溅射技术

磁控溅射技术作为一种十分实用的薄膜沉积技术，被广泛地应用于许多方面[8]，特别是材料表面涂层领域中，广泛地用于薄膜沉积和表面覆盖层的制备。

2.1.3.1　磁控溅射镀膜原理及其特点

磁控溅射系统最先在20世纪40年代开始应用在沉积膜层上，最初使用的二极溅射系统有着不少的缺点，如沉积膜层速度慢、显著的基底热效应等。而磁控溅射系统成功解决二极溅射镀膜这些缺点。磁控溅射系统在阴极靶材的背面放置一个强力磁场，真空腔体充入惰性气体（一般使用氩气），气压维持在0.1~10Pa。在高压下，原子被电离成Ar^+和电子，产生等离子体辉光放电。高速电子在飞向基片的过程中，由于磁场垂直于电场而偏转。电子局限于目标表面附近的区域，以摆线方式沿目标表面移动。由于原子的碰撞，大量的 Ar^+ 被电离。与无磁控管结构的溅射相比，电离速率提高了 10~100 倍，在靶表面形成了等离子体强化区。电子的能量在多次碰撞后逐渐下降，摆脱磁场的限制后，最终落在基片、真空室内壁及靶源阳极上。而高压电场加速 Ar^+，高速的 Ar^+ 与靶材撞击并释放出能量，导致靶材表面的原子吸收 Ar^+ 的动能而逸出靶材的表面飞向基片，最终在基片上沉积形成薄膜。现研究表明，溅射系统沉积镀膜粒子能量通常为 1~10 eV，溅射镀膜理论密度可达 98%。而蒸镀系统沉积薄膜粒子的能量一般仅有 0.1~leV 以及 95%的镀膜理论密度。因此，磁控溅镀薄膜的性能、致密度都要比蒸发薄膜好[9]。

目前磁控溅射技术广泛地应用于镀膜领域，因为该技术有其他镀膜方法无法比拟的优点。其优点可归纳为：（1）薄膜材料来源广泛，可制备成靶材的各种材料均可作为薄膜材料，包括各种金属、半导体如常见的 Ti、Cr、Cu、Si 等；（2）共同溅射，可以放置不同靶材同时沉积所需组分的薄膜，便于实现膜层元素掺杂；（3）重复率高，控制真空室中的气压、溅射功率，基本上可以维持稳定的沉积速率，通过控制溅射镀膜时间，可以获得结构均匀、精度高的膜层厚度；（4）膜基结合力好，磁控溅射技术沉积薄膜，基片与膜结合紧密，结合力好，更具有工程应用价值[10,11]。

2.1.3.2 非平衡磁控溅射技术

20 世纪 80 年代，Window 等人[12]用溅射出来的原子和粒子沉积在基体表面形成薄膜，这种方法沉积的薄膜结构致密，膜层更均匀。对于平面环形磁控靶，当外环磁场增强时，一部分磁力线仍维持自身的封闭性，保证靶前等离子体的高密度，实现较高的溅射速率；另一部分磁力线脱离磁场自身的封闭性，开放性地指向更远的地方，因此等离子体中的电子沿着磁力线逃逸到更远的距离之外，在 200~300nm 的范围内，电子移动过程中，不断撞击气体原子，使其发生离化，形成等离子体，从而使等离子体区域扩大。在基体偏压的作用下，离子轰击沉积的薄膜，实现了类似磁控溅射离子镀的效果[11,12]。

气相沉积技术由于其显著的优点成为工业镀膜主要技术之一。非平衡磁控溅射改善了等离子体区的分布，提高了薄膜的质量，多靶闭合式非平衡磁控溅射大大提高了薄膜的沉积速率。多弧离子镀沉积速度快，膜基结合力好。在未来的研究中，气相沉积技术在制备薄膜领域会有更好的应用前景。

2.1.3.3 反应磁控溅射技术

沉积多元成分的化合物薄膜，可用化合物材料制作的靶材溅射沉积，也可在溅射纯金属或合金靶材时，通入一定的反应气体，如氧气、氮气，这种采用通入反应气体与靶材进行反应沉积薄膜的方法称为反应溅射。通常纯金属靶和反应气体较容易获得很高的纯度，因而反应溅射被广泛地应用于沉积化合物薄膜。但在介电材料和绝缘材料的反应溅射沉积过程中，金属靶与反应气体作用，在靶表面覆盖上一层绝缘层（即所谓“靶中毒”），导致靶面正电荷累积，进而发生击穿形成弧光放电。弧光放电严重影响溅射过程的稳定性，并造成靶材大颗粒刻蚀形成低能量的“液滴”粒子沉积在薄膜中，造成薄膜结构缺陷，且靶表面覆盖的连续氧化物膜的存在导致直流反应溅射速率较低，并造成溅射过程的“滞回”现象[13]。解决直流反应溅射存在的一系列问题，最为有效的方式是改变溅射电源，如采用射频电源和脉冲电源。射频溅射具备可以溅射任何材料的靶（包括绝缘材料靶材），溅射时击穿电压低，放电气压低，放电易自持，且电极也可放在放电室外面等优点。但射频电源存在结构复杂、设备昂贵等不足，而脉冲电源可有效地解决直流反应溅射介电材料和绝缘材料存在的问题，其应用较为广泛[14]。

2.2　液相沉积技术

液相沉积法（liquid phase deposition，LPD），或称液相法，是 20 世纪 80 年代由 Kawahara 提出的一种制备氧化物薄膜的方法[15]，它是从过饱和溶液中自发析出晶体的过程，这种制备过程比较简单、成本低、重现性好、可制备的氧化物薄膜种类多。此外，液相沉积法还可以原位对前驱体薄膜在各种气氛中进行热、光照、掺杂等后处理，使薄膜功能化。因此，LPD 法制备功能性氧化物薄膜得到了广泛的应用。近年来，采用 LPD 法制备的氧化物薄膜在分析化学中的应用备受关注，目前主要应用于气体传感器、电分析和分离科学等领域。

液相沉积法的原理是通过液相中原子或分子的自身作用或者是通过加入某些可以与原料反应的物质，驱动成膜物质沉积在基片上形成薄膜。与气相沉积技术相比，液相法制备非晶碳（DLC）薄膜具有设备简单、节省能源、几乎在任何表面均能大面积成膜且易于实现工业化生产等优点。同时，在常压低温下，液相法具有条件易于控制且容易实现掺杂等特点。因此，液相法制备 DLC 功能薄膜的研究引起了人们的广泛关注。根据目前的研究进展，液相法制备 DLC 薄膜主要包括液相低压沉积技术和液相高压沉积技术两种。

2.2.1　低压沉积技术

近年来，由于液相电化学制备 DLC 薄膜具有简便、成本低廉等优点，吸引了人们广泛的关注。目前，使用该方法已经能够从乙腈、二甲亚砜、甲醇、乙醇等多种有机溶液中制备出 DLC 薄膜，并且基底材料的选择也得到了不断扩大，不锈钢、Si、ITO 玻璃等多种金属或非金属材料都可以充当成膜基底。如果采用极性较强的有机电解质体系，如两种不同有机溶剂或有机溶剂的水溶液，则需降低施加电压沉积 DLC 薄膜，如乙醇的水溶液、醋酸氨的醋酸溶液、羧酸、甲酸的水溶液、乙炔的液氨溶液、乙炔锂的二甲亚砜溶液等。低压沉积 DLC 薄膜所用电压一般在 2～300V。Novikov 等人[16]通过将乙炔溶于液氨溶液中，在 5V 的电压下，在金属（Fe，Co，Ni）基底上沉积出了 DLC 薄膜，薄膜电阻率为10^8～$10^{10}\Omega\cdot cm$，拉曼谱图观察到了较弱的金刚石特征峰。该研究说明在合适的电解液体系中，低电压下也可以制备出 DLC 薄膜。除此之外，P. Aublanc 等人[17]使用含有乙酸铵的乙酸溶液作为电解液体系，E. Shevchenko 等人[18]采用电化学氧化乙炔化锂/二甲亚砜/四丁基高氯酸铵溶液先后在低于 60V 的电压下沉积出了 DLC 薄膜。另外，路丹花等人[19]使用热溶剂电化学方法在含有四丁基氯化铵的 $CHCl_3$/PC 溶液中制备出了 DLC 薄膜，使用的沉积电压在-1.5V 左右。还有研究者利用含去离子水溶液或含氢添加剂的碳源体系同样制得了 DLC 薄膜，例如 J. S. Zhang 等人[20]采用乙腈的去离子水溶液把沉积电压降至 200V 左右。去离子水体系不仅使有机溶液用量大大减少，明显地降低沉积时的电压，还可以有效提高薄膜沉积速率以及薄膜中 sp^3 碳含量。因此，作为薄膜制备的前提，电解液体系的合理选择十分重要。

2.2.1.1 低压液相反应机理

低压液相沉积法制备 DLC 薄膜一般以导电性很差的有机溶液作为碳源，其中有机物分解及成膜过程等反应机理与普通电解不同。目前，很多研究者都对低压液相沉积法沉积 DLC 薄膜的机理进行了阐述，其中被广泛接受的是酒金婷等人[21]提出的极化反应机理。根据其理论，电极反应过程主要包括下述步骤：首先由于极性分子正负电荷中心不重合，存在固定的偶极矩，在电场极化作用下，正负电荷中心进一步远离，形成带有甲基的“能量分子”；同时由于电场作用，电极表面被活化，产生适合能量分子吸附生长的活化反应点，进而促进甲基基团不断发生化学反应生成 DLC 薄膜等其他产物。

上述推理强调了极性基团和甲基在 DLC 薄膜形成过程中所起的重要作用，但仅描述了液相电化学沉积的大概过程，并没有给出 DLC 薄膜生长的详细信息。He 等人[22]在极化反应机理的基础上，通过对不同基底材料及不同有机溶液中 DLC 薄膜制备的实验现象和结果进行分析，提出了无氢 DLC 薄膜在形成过程中分别由反应速率控制以及羟基起主要作用的两种脱氢机制。DLC 薄膜生长过程中，氢原子主要从甲基脱离，但是碳氢键的断裂、氢氢键的形成以及碳原子的重新分布需要足够的时间，只有反应速率比较小时才能有序实现，而反应速率较大的情况下氢原子无法及时脱离，就容易形成含氢碳膜，这就是反应速率控制的脱氢机制。上述脱氢过程中，氢原子主要以氢气的方式脱离，但是这需要成对的氢原子出现才比较容易实现，在某些区域，如果只有孤立的氢原子或氢原子个数为奇数时，就无法形成氢气并有效脱离。这时候有机溶液中的羟基基团即发挥作用，结合氢原子生成水脱离碳原子，即羟基起主要作用的脱氢机制。

上述脱氢机理解释了无氢 DLC 薄膜的生长过程，但可以看出这只是极化反应过程中的一个阶段。同样基于极化反应机理，江河清[23]先后进一步提出了“气相微区”的概念。即在电极反应过程中，电极表面会产生特殊的、由气体包覆的微区，并且这些气体微区电阻很高，在较高的电压下，微区内会形成很强的电场，而在电场作用下，不断发生热解反应及类似于气相条件下的等离子体反应，最终不断生长出薄膜。这一电极反应过程虽然无法解释所有实验现象，但使极化反应机理得到了丰富[24,25]。

2.2.1.2　低压液相反应装置

低压液相沉积法制备 DLC 薄膜实验装置主要包括直流电源、恒温水浴槽、基底、电极等，实验系统及实物图如图 2.2 所示[26]。针对电化学沉积的特点，其实验装置通常需要满足以下几个要求：（1）在该方法中通常使用有机溶液作为碳源，这些有机溶剂一般条件下不会离解成离子，极化程度也很弱，因此需要在两个电极之间施加很高的电压，通常要达到数百伏，高电压不仅增加了试验的复杂性同时也增加了实验的危险性。此外，由于有机分子电离困难，薄膜生长速率较慢，沉积时间往往长达数小时，因此实验装置材料在能够承受足够大的电流和电压的同时，也应该结构合理，确保不会发生短路等危险。（2）实验装置材料不会污染有机溶液，影响实验过程及结果。因为实验所使用电解液通常为去离子水有机溶液，这些有机溶液通常具有很强的溶解能力，如甲醇、乙醇等。此外，部分有机溶液还具有很强的腐蚀能力，如二甲亚砜、乙腈、乙酸等。因此，为防止在实验过程中由于实验装置受到溶解腐蚀而影响实验结果，必须要选择合理的实验装置材料保证不会对实验造成污染。（3）在低压液相沉积过程中，沉积电压、沉积温度、基底间距等实验参数需要经常调节，因此实验装置的易操作性也十分重要。

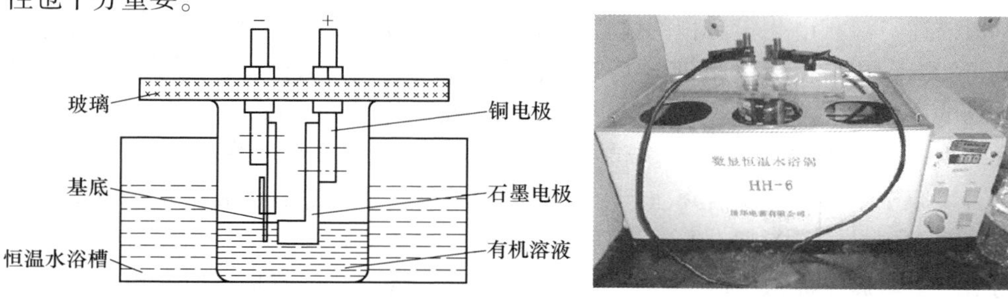

(a)　　(b)

图 2.2　低压液相沉积法实验系统（a）及实物图（b）[26]

2.2.2 高压沉积技术

目前，液相法制备 DLC 薄膜的另一种主要方法是高压沉积技术。高压沉积技术制备 DLC 薄膜时，通过在电极与基底之间施加一高电压（通常在 1000~3000V）以促使有机碳源分解，并在基底上生长出连续薄膜。高电压沉积 DLC 薄膜一般采用分析纯的弱极性有机溶剂作为电解液，如甲醇、乙醇、乙腈、丙酮、2-丙醇、四氢呋喃、N，N-二甲基甲酰胺等。1992 年，Namba 研究发现 DLC 薄膜可以通过液相法制备。由于该方法具有基底温度低、设备和操作简单、易于在复杂基体表面进行大面积沉积和沉积前后不存在明显温差等优点受到人们的关注，但至今其结果并不能令人满意。液相电化学沉积方法的基本装置类似于电解池，不同于普通的电解，它一般仅以导电性很差的有机试剂（如甲醇、乙醇等）为电解液，用于沉积碳膜的单晶硅片一般作为阴极，对电极为石墨电极，两极间距为 2~10mm。通过高压直流电源或脉冲直流电源在两极间施加很高的电压，由于两极间距很小，因此在两极间产生很强的电场，促使有机分子极化甚至电离，进而在电极表面发生电化学反应生成“碳碎片”，并逐渐形成连续性的薄膜。由于电化学反应是连续的非平衡过程，在电极表面这个特殊的微环境中（可能已不是常温常压)，这些碎片没有足够的条件形成碳在常温常压下的稳定的石墨结构，而是形成一种非晶结构，即类金刚石结构。

利用电化学沉积可以对 DLC 薄膜进行有效的掺杂。为了降低 DLC 薄膜的内应力，阎兴斌[26] 利用以分析纯的甲醇和分析纯的二甲基二乙氧基硅烷（$(CH_3)_2Si(OC_2H_5)_2$，简称 DDS）混合溶液为电解液的电化学沉积对 DLC 薄膜进行了 SiO_2 掺杂，成功制备了 DLC/SiO_2 纳米复合材料。由于非晶 CN_x 薄膜具有耐磨、低摩擦系数、优异的力学性能、高热导率和宽带隙等多方面的优越性能，研究人员开发出以乙氰、甲醇+氨水、甲醇+尿素、双氰胺+乙醇、双氰胺+丙酮、二氰二胺+DMF 等有机溶剂作为电解液制备出 CN_x 薄膜的方法。陈刚[27] 以分析纯的甲醇作为电沉积的碳源，选择含氮的尿素和双氰胺作为掺杂试剂，将掺杂试剂溶于碳源溶剂中配制成电解液，在单晶 Si 基底制备出表面平整的 CN_x 薄膜。

2.2.2.1 高压液相反应机理

高压液相电化学沉积 DLC 薄膜的基本反应原理是：在电化学沉积过程中，通过高压直流电源在两极间施加很强的电场，它促使有机分子极化甚至电离，继而在电极表面发生电化学反应生成碳微粒，并形成连续性的 DLC 薄膜。

与传统的电解有所不同，体系主要为纯的有机溶剂而非电解质，电化学反应不能用正负离子氧化-还原的电化学反应来解释，而是依靠有机溶液的分子极化来导电。前述电化学沉积 DLC 薄膜所选择的有机溶液，均在电场作用下表现出不同程度的极性。作为碳源的有机分子均含有供电的甲基基团和吸电基团，如甲醇中的 OH、乙腈中的 CN。由于碳的电负性较小，故甲基均表现为正电性。与电解质相比，有机溶剂的确很难电离，但在一定条件下它还是可以电离的。相对于其他碳基团所成的键，有机分子中甲基基团与极性基团之间的化学键比较弱，因而在足够电压下即可断裂而发生反应。

很多报道都对液相法沉积类金刚石薄膜的机理有所阐述，其中较为通用的一种机制为极化反应机理，该观点大致认为液相电沉积 DLC 薄膜的反应机制为极化-反应机制：高电压的作用下，电极表面被活化，产生活化的反应点，与此同时极性分子被进一步极化，并吸附于活化的反应点上而成为活化分子，进而发生电化学反应逐渐形成 DLC 薄膜。以上推理仅仅描述了液相电沉积的大概过程，至于更深层次的反应机制仍需要进一步的研究和完善。阎兴斌[26]结合实验现象及对反应过程的综合分析，提出了液相电化学沉积制备 DLC 薄膜的反应机制，也即极化-吸附-电化学反应机制。

类似于气相沉积 DLC 薄膜，氢元素的含量对电化学沉积 DLC 薄膜具有重要影响。He 等人[22]在极化反应基础上，通过实验分析，提出无氢 DLC 薄膜的形成机理——两种脱氢机制：一种是由反应速率控制的脱氢机制；另一种为羟基起主要作用的脱氢机制。脱氢大致过程为：（1）甲基基团被吸附到衬底表面的活化点上；（2）H—H 键形成，C—H 键削弱；（3）H_2从衬底表面释放出来，C—C 弱键形成；（4）C—C 键形成。随着这个过程的不断进行，连接在碳原子上的氢原子被逐渐分解出来。

脱氢过程并非瞬间完成，碳原子需要一定时间来重新排布附着在它上面的氢原子，因此只有反应的速率相对较低时，才能有足够的时间来完成脱氢的过程，形成无氢的 DLC 薄膜。

Sun 等人[28]对采用乙醇电沉积 DLC 薄膜电极反应机理研究的基础上，提出新的机理分析：（1）乙醇在高压作用下电离出氢离子，氢离子与乙醇中羟基作用得到乙基正离子，乙基正离子在阴极还原得到短链聚乙烯。（2）由于 HF-HNO_3清洗致使单晶硅片氢化及生成悬空键，易与反应生成的甲基正离子反应生成硅碳化物，形成硅碳界面层。（3）在聚乙烯中 C—C 键的键长与金刚石类似，可能发生脱氢形成金刚石，此外溶剂中大量的氢的存在，能够有效饱和碳原子的悬空键和稳定生长表面的类金刚石结构。

在采用细的金属丝做阳极沉积 DLC 薄膜，为电化学沉积 DLC 薄膜中的创新之处。电化学沉积 DLC 薄膜的过程类似于气相沉积的等离子体沉积，因为当阳极的面积缩小到点时，电流密度得到大幅提高，甚至生成了用肉眼可观察到的火花。放电将使两极之间的电解液发生离解并生成大量的活性基团，从而在阳极和阴极间的微局部内形成类似等离子体的极端环境，为原子的 sp^3杂化提供了有利条件。

高压液相电化学沉积 DLC 薄膜反应机理主要有两种观点：极化-吸附-电化学反应机制和等离子体沉积机制，其中涉及后者的研究相对较少。液相电化学法沉积 DLC 薄膜的反应机理的研究还需深入探讨，是否还有其他反应机理仍需深入研究，而且反应的微观过程的动态观察则比较困难，部分反应仍需实验研究来论证。

2.2.2.2 高压液相基本理论

根据金属电沉积理论，电沉积是多步骤且复杂的电结晶过程，溶液体相和电极表面层的交叉变化。电化学沉积过程一般采用二维成核理论模型来解释薄膜成长机理，大致经过以下几个阶段：

（1）反应物本体粒子从溶液向电极界面传递；

（2）反应物粒子在电极表面发生表面吸附或化学反应，并聚集形成二维晶核；

（3）后续吸附粒子通过表面扩散到达台阶，而后沿台阶边缘扩散到扭结位置，最终生成薄膜同时放出大量热量。

上述成相过程即所谓的二维成核-生长机理。而气相沉积薄膜的形成过程为二次或三次成核，其过程从单体的吸附开始，直到稳定长大成核，相互结合连续成膜。

从上述薄膜形成过程中可以清楚地看出，液相沉积薄膜的形成过程可划分为 4 个阶段：成核、结合、沟道和连续薄膜。不论液相沉积还是气相沉积，薄膜成核和核生长主要与吸附在基片表面的单体扩散有关。而形成薄膜的驱动力则是降低表面能的过程，即消除高表面曲率区，以使生成薄膜的表面能最低。

2.2.2.3 高压液相反应装置

高压液相电沉积方法的基本装置（图 2.3）类似一个电解池：采用 250mL 三口烧瓶作为电解池，中间的瓶颈中插入两个高纯石墨电极，且两极间的距离用聚四氟乙烯固定，沉积工件固定在阴极石墨下端，阳极下端则与纯铂片（铂丝）相连。将一冷凝管插入另一瓶颈，防止低沸点有机溶剂挥发；将惰性气体（氩气、氮气）通过插入另一侧瓶颈的导气管进入，赶出溶解在溶剂中的氧。为确保研究结果的准确性，本实验将对以下条件进行严格控制：电解池浸在恒温水浴中，确保温度控制为 55℃（±5℃）、控制通入惰性气体的时间及沉积时间控制为 8h。外加电源采用高压直流电源，电压在 0~3000V 范围内连续可调。

电化学沉积 DLC 薄膜的特殊之处在于其选择的电解液为有机溶剂，而传统的电化学合成和电化学沉积技术大多是在离子性的水溶液或有导电介质的有机溶液中进行，只需施加很小的电压就能完成反应。这些有机溶剂在一般条件下不会

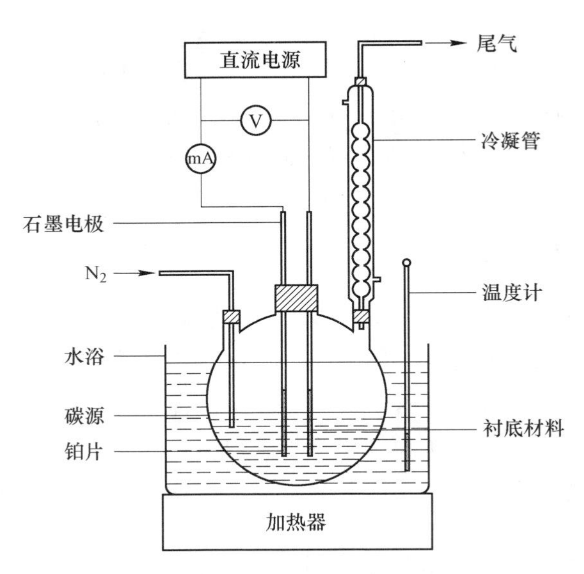

图 2.3　高压液相电沉积法实验系统简图

离解成离子，极化程度也很弱。因此通常在两个电极之间施加很高的电压，即利用强电场使溶液中的 C—H、C—O 和 O—H 等化学键发生断裂生成“碳碎片”，从而使含碳的成分以极性基团或离子的形式到达基片，并且在基片所处的高电位下得以活化，进而生成含一定 sp^3 成分的类金刚石薄膜。在电极表面这种特殊的微环境中，电化学反应过程是非平衡连续的，因此这些碳团簇没有足够的条件去形成高温高压的稳定形式石墨，而是形成了碳的非晶亚稳态结构 DLC 结构。

液相沉积技术除低压液相沉积和高压液相沉积外，还有许多其他技术方法，如聚合物热解法。20 世纪 90 年代初，Visscher 和 Bianconi[29] 首先开展了聚合物热解制备 DLC 薄膜的研究，此后，许多研究者对此进行了研究。利用此方法合成 DLC 功能薄膜，首先需要合成一种主要由 sp^3 杂化的碳原子构成的聚碳苯（呈现三维随机网络结构），然后将聚碳苯粉末溶解于四氢呋喃中，通过旋涂或手涂将聚合物溶液涂于基材上，待有机溶液挥发后，在基材上可得到聚合物薄膜。在常压，惰性气体保护下将涂有聚碳苯薄膜的基材试样经 800～1200℃ 热处理 1～2h 后，便生成 DLC 薄膜。由于聚碳苯可以溶于苯、四氢呋喃等有机溶剂中，所以利用这种方法可以在各种复杂形状的底材上制备 DLC 薄膜，这为 DLC 薄膜在不同底材上的大面积制备提供了简单、经济的途径。从已报道的研究结果可以看出，聚合物热解法是一种非常有效的制备纳米复合功能碳基薄膜材料和其他新型功能薄膜材料的技术。

作为一种新兴的方法，液相电化学沉积工艺还不成熟。与气相沉积法相比，虽然液相法沉积技术已发展了20多年，但仍未解决薄膜质量差、膜基结合弱等瓶颈问题。而且，大多数实验所得到的DLC薄膜中石墨相含量居多，仅局部区域含有金刚石相。如何提高sp^3杂化键的含量并获得高质量DLC薄膜，并最终实现金刚石微晶的低温和室温沉积，是液相电化学沉积技术的研究方向之一。

参考文献

[1] 王福贞．气相沉积技术 [J]. 中国表面工程，1991（1）：48~59.

[2] 薛群基，王立平．DLC碳基薄膜材料 [M]. 北京：科学出版社，2012.

[3] Willeke G, Nussbaumer H, Bender H, et al. A simple and effective light trapping technique for polycrystalline silicon solar cells [J]. Solar Energy Materials & Solar Cells, 1992, 26 (4): 345~356.

[4] 吴晓松．等离子体增强化学气相沉积氮化硅薄膜制造过程质量控制方法研究 [D]. 上海：上海交通大学，2015.

[5] 胡传. 表面处理技术手册 [M]. 北京：北京工业大学出版社，1997.

[6] 曾凤章，徐新乐，吴玉广. 多弧离子镀膜工艺的技术开发 [J]. 北京工业大学学报，1999，19（1）：127~132.

[7] 姜雪峰，刘清才，王海波．多弧离子镀技术及其应用 [J]. 重庆大学学报：自然科学版，2006，29（10）：55~57.

[8] Keuy P J, Amell R D. Magnetron sputtering: a review of recent developments and applications [J]. Vacuum, 2000, 56 (3): 159~172.

[9] 陈荣发. 电子束蒸发与磁控溅射镀铝的性能分析研究 [J]. 真空，2003（2）：11~15.

[10] 徐万劲．磁控溅射技术进展及应用（上）[J]. 现代仪器与医疗，2005，11（5）：1~5.

[11] Biederman H. RF sputtering of polymers and its potential application [J]. Vacuum, 2000, 59 (2): 594~599.

[12] Window B, Savvides N. Unbalanced dc magnetrons as sources of high ion fluxes [J]. Journal of Vacuum Science & Technology A, 1986, 4 (3): 453~456.

[13] 许生，侯晓波，范垂祯，等. 硅靶中频反应磁控溅射二氧化硅薄膜的特性研究 [J]. 真空，2001（5）：1~6.

[14] 戴达煌，刘敏，余志明，等. 薄膜与涂层现代表面技术 [M]. 湖南：中南大学出版社，2008：431~506.

[15] Nagayama H. A new process for silica coating [J]. J. Electrochem. Soc., 1988, 135 (8): 2013~2016.

[16] Novikov V P. Synthesis of diamond like films by an electro-chemical method at atmospheric pressure and low temperature [J]. Applied. Physics Letters, 1997, 70 (2): 200~202.

[17] Aublanc P, Novikov V P, Kuznetsova L V, et al. Diamond synthesis by electrolysis of acetates [J]. Diam. Relat. Mater., 2001, 10 (3): 942~946.

[18] Shevchenko E, Matiushenkov E, Sviridov D, et al. Synthesis of carbon films with diamond-like structure by electrochemical oxidation of lithium acetylide [J]. Chem. Commun., 2001 (4): 317~318.

[19] 路丹花, 杜颖颖, 赵晓慧, 等. 溶剂热电化学还原氯仿制备类金刚石碳膜的研究. 化学学报, 2010, 68 (22): 2259~2263.

[20] Zhang J S, Huang L N, Yu L G, et al. Synthesis and tribological behaviors of diamond-like carbon films by electrodeposition from solution of acetonitrile and water [J]. Appl. Surf. Sci., 2008, 254 (13): 3896~3901.

[21] 酒金婷, 付强, 汪浩, 等, 液相电沉积类金刚石薄膜的相关物理化学问题 [J]. 无机材料学报, 2002, 17 (3): 571~575.

[22] He W L, Yu R, Wang H, et al. Electrodeposition mechanism of hydrogen-free diamond-like carbon films from organic electrolytes [J]. Carbon, 2005, 43 (9): 2000~2006.

[23] 江河清. 液相电沉积类金刚石膜及掺杂类金刚石膜 [D]. 河南: 河南大学, 2004.

[24] 田瑀, 王建中, 于卫锋, 等. 醋酸对电化学沉积氮化碳薄膜的影响 [J]. 中国科学: E辑, 2009 (8): 1414~1418.

[25] Gupta S, Roy R K, Deb B, et al. Low voltage electrodeposition of diamond-like carbon films [J]. Mater. letters, 2003, 57 (22): 3479~3485.

[26] 阎兴斌. 电化学沉积和聚合物先驱体热解法制备类金刚石碳及碳纳米复合薄膜的研究 [D]. 兰州: 中国科学院兰州化学物理研究所, 2005.

[27] 陈刚. 电化学沉积和聚合物热解法制备类金刚石碳复合薄膜及其性能研究 [D]. 兰州: 中国科学院兰州化学物理研究所, 2007.

[28] Sun Z, Sun Y, Wang X, Investigation of phases in the carbon films deposited by electrolysis of ethanol liquid phase using Raman scattering [J]. Chem. Phys. Lett., 2000, 318 (4): 471~475.

[29] Visscher G T, Bianconi P A. Synthesis and characterization of polycarbones, a new class of carbon-based network polymers [J]. J Am. Chem. Soc., 1994, 116 (5): 1805~1811.

3 气相法单金属复合非晶碳耐磨薄膜

采用气相沉积技术制备添加金属元素的非晶碳薄膜相关研究颇多，且主要为Ⅳ~Ⅶ族金属元素。不同工艺制备手段可以在非晶碳薄膜中掺入不同含量的金属粒子，掺入适量的金属元素的金属掺杂非晶碳复合薄膜可以有效缓解非晶碳薄膜中的本征内应力，提高非晶碳薄膜与基底材料之间的结合强度，改善非晶碳薄膜的力学和摩擦磨损性能，同时能够赋予非晶碳薄膜各种物理化学性能，极大扩展了非晶碳薄膜材料的可能应用领域[1]。因此，金属掺杂非晶碳复合薄膜将是当前与将来非晶碳薄膜材料方面的研究热点之一。根据金属元素在非晶碳薄膜中的存在状态，掺杂过渡族金属元素的非晶碳复合薄膜又可分为 MeC-DLC（金属与碳原子键合，形成金属碳化相而嵌埋在非晶态碳基质中）薄膜，常见的此类掺杂元素如 Ti、W 和 Cr[2~4]；和 Me-DLC（金属以纳米单晶形式存在非晶碳基网络中，未曾与碳原子键合)，常见的此类掺杂元素如 Cu、Pt 和 Ag[5,6]。上述金属掺杂非晶碳复合薄膜均存在共同特征：金属粒子或金属碳化物不是完全均匀分布于非晶碳薄膜中，而是以纳米晶体颗粒弥散地分布于非晶碳薄膜的非晶碳基网络结构中。

在已有的研究中，能与碳原子形成碳化物的一些Ⅳ~Ⅶ族元素金属（尤其是 Ti、Cr 和 W）被用来掺杂在非晶碳薄膜中，此类金属原子易与碳原子键合，完全以 TiC、WC 等纳米晶形式存在于非晶碳薄膜的非晶碳基网络中，可有效降低薄膜内应力、提高膜-基结合强度和增强薄膜的韧性，改善薄膜的抗磨损性，从而提高非晶碳薄膜的承载能力和延长薄膜服役寿命等[7,8]。侯惠君等人[9]研究发现采用非平衡磁控溅射方法制备了具有与基底材料之间有良好结合力的掺钨非晶碳薄膜（W-DLC)，膜-基结合力在 45~75N 之间。Y. T. Pei 等人[3]在橡胶密封件上制备了具有较低摩擦系数的 W-非晶碳薄膜，摩擦系数在 0.2~0.25 之间。林松盛等人[10]使用非平衡磁控溅射法在钛合金表面所制备的 Ti-非晶碳薄膜的膜-基结合力约 44N，W-非晶碳薄膜的膜-基结合力为 60N。非晶碳薄膜材料中金属 Cr 元素掺入极大地降低了残留在非晶碳薄膜中的内应力，残余压应力最低可达 0.23GPa，使得薄膜与基底材料之间的结合力（最高为 70N）得到较大改善，同时薄膜表现出极佳的摩擦磨损性能[11]。

不同的薄膜制备工艺和调节沉积过程中工艺参数等手段可以实现在非晶碳薄膜中掺杂不同金属含量，掺入非晶碳薄膜中金属元素的种类和掺入的含量多少的不同，薄膜的物理和化学性能有着显著的差异。牛孝昊等人[12]利用改变薄膜制备过程中加载在钨靶上的功率的大小来制备不同钨含量的系列非晶碳薄膜，结果表明：适量的钨掺杂能有效改善薄膜的硬度和耐磨性能，过量掺入钨反而会导致薄膜的性能变差。在 Ti-非晶碳薄膜中随着 Ti 元素含量的逐渐增加，Ti-非晶碳薄膜中的 sp^3杂化键含量与 sp^2杂化键含量的比例呈现出先增加后减小的变化规律，薄膜性能也相应改变[13]。W · Dai 等人[14]利用线性离子束沉积技术沉积的 Cr-非晶碳薄膜在掺入 Cr 含量（原子分数）约为 8.42%时具有最佳的摩擦学性能。此外，Gilmore 等人[15]对 Ti-非晶碳薄膜与纯的非晶碳薄膜在湿度环境中的摩擦磨损行为进行了对比研究，结果显示，适量掺入 Ti 元素的 Ti-非晶碳复合薄膜掺在湿度环境中呈现出较低的摩擦系数，摩擦磨损测试结束后所得磨损率较小，适量掺入 Ti 元素能起到改善非晶碳薄膜的水环境敏感性的作用。

碳化物金属掺杂非晶碳复合薄膜由于薄膜中金属碳化相的生成，对非晶碳薄膜的结构和性能产生了显著影响，非晶碳薄膜中的内应力得到释放的同时薄膜仍呈现出高的硬度和优异的减摩抗磨特性，而且在一定成分下拥有碳化物金属掺入的金属掺杂非晶碳复合薄膜的硬度接近于没有掺杂金属元素的纯 DLC 薄膜的硬度，且能保证具有非晶碳薄膜低摩擦系数的性能；同时也有研究表明，金属元素的掺杂还能够有效改善非晶碳薄膜的热学性能，薄膜热稳定性能增强，因此采用碳化物金属元素对非晶碳薄膜进行掺杂，制备的金属掺杂非晶碳复合薄膜有可能成为纯非晶碳薄膜的替代膜层材料。本章拟对典型金属（Ti、Cr、Fe）掺杂复合非晶碳薄膜的成分、结构、力学及摩擦学性能进行分析和研究。

近年来，广大科研工作者尝试利用非碳化物金属元素掺杂非晶碳薄膜。与碳化物金属元素不同，非碳化物金属原子掺入非晶碳薄膜中，无法与碳原子成键形成金属碳化物，主要以金属纳米晶颗粒的状态存在非晶态碳基网络中。Ag、Pt、Cu 等掺入非晶碳薄膜中，不仅可以有效降低薄膜的内应力，改善非晶碳薄膜的力学性能，而且提高非晶碳薄膜的导电性能[16,17]。非晶碳薄膜中金属 Ag 掺杂，能够显著降低薄膜中存在的本征内应力；但是，薄膜中 sp^3杂化键与 sp^2杂化键含量之间的比率会有所减小，薄膜的硬度降低[18]。Cu-非晶碳复合薄膜中随 Cu 含量的增加，薄膜中 sp^3杂化键含量逐渐减小，极大地降低了薄膜的内应力提高薄膜与基底材料之间的结合力，薄膜具有较低的摩擦系数，最低为 0.09[19]。

3.1　单金属复合非晶碳 Ti/a-C：H 耐磨薄膜

非晶碳薄膜主要由 sp^3杂化键和 sp^2杂化键碳原子构成，因为材料本身具有很高的纳米硬度、摩擦系数非常低、电阻率高的特点，同时非晶碳薄膜因为具有良好的化学稳定性、生物相容性好、良好的声学特性、场发射特性良好和红外区域的光学透性强等优良特性而得到研究者的广泛研究。非晶碳薄膜作为表面防护功能材料具有广泛的用途，如用于光学窗口、磁性存储、汽车零部件、场发射装置（FED）、微机电系统（MEMs）、生物植入材料和光伏电池等[20~22]。然而，非晶碳薄膜在沉积过程中会产生高的内应力，会严重削弱薄膜与基底材料之间的结合力，导致薄膜在沉积过程或者实际工作应用中从基底材料剥落失效。非晶碳薄膜中高的本征内应力的存在将会严重影响薄膜性能，使薄膜在工业中的应用推广受到严重限制。非晶碳薄膜中掺杂过渡金属元素，如 Ti、Cr、Ag、W 和 Al 来降低薄膜中的高内应力提高薄膜与基底材料间结合力的方法得到广泛研究[18,23-27]。掺入非晶态碳基质中的金属元素会引起非晶碳薄膜材料的机械和摩擦磨损性能发生改变。其中，金属 Ti 元素是非晶碳薄膜材料的理想的掺杂元素之一。因为 Ti 原子容易与 C 原子反应生成 TiC 纳米晶，TiC 纳米晶粒弥散分布于非晶态碳基矩阵中使 Ti-非晶碳薄膜拥有较低的本征内应力同时使薄膜与基底材料之间具有良好的结合力[28]。并且，含有 TiC 纳米晶粒的 Ti-非晶碳薄膜材料表现出低摩擦系数、高韧性和抗磨损性能的特点[29]。通常，Ti-非晶碳薄膜可以通过不同的方法制备得到，例如磁控溅射沉积、阴极电弧等离子体蒸发、等离子体化学气相沉积等，而磁控溅射制备技术在以上提到的非晶碳薄膜制备技术中应用最广泛。关于 Ti-非晶碳薄膜在大气环境干摩擦条件下的摩擦磨损性能的研究已经多次报道，然而，制备过程中甲烷流量的变化对 Ti-非晶碳薄膜的微观结构和在水环境水润滑条件下的摩擦磨损性能方面的研究还鲜有报道。

本节采用直流反应磁控溅射技术，通过调整甲烷流量从 8sccm 到 16sccm 变化，同时在单晶硅 Si（100）和 304 不锈钢两种衬底材料上沉积出系列 Ti/a-C：H 复合非晶碳薄膜。系统研究甲烷流量对 Ti/a-C：H 复合薄膜的表面微观形貌、薄膜微观结构、力学性能和大气环境干摩擦和水环境水润滑条件下的摩擦磨损性能的影响[30]。

3.1.1 Ti/a-C：H 薄膜的微结构

图 3.1 所示为不同甲烷流量下沉积的 Ti/a-C：H 复合薄膜断面 SEM 图。图中显示，纯 Ti 过渡层结构表现为典型的柱状晶结构。随着制备过程中甲烷流量的逐渐增大，Ti/a-C：H 复合薄膜的断面结构由致密度较低的柱状结构向致密均匀的同质结构转变，这种结构转变与 Pei Y T 等人[31]报道的机构转变规律相一致。所有 Ti/a-C：H 复合薄膜样品断面无任何局部分离剥落，表面薄膜与基底结合良好。由断面的 SEM 图分析可以得出 Ti/a-C：H 复合薄膜的厚度。结果表明，Ti/a-C：H 复合薄膜的厚度随着薄膜制备过程中甲烷流量的增加反而慢慢变薄，从甲烷流量在 8sccm 时的 1418nm 逐渐减小到甲烷流量为 16sccm 时的 687nm。薄膜的厚度变化主要由于 Ti/a-C：H 复合薄膜是通过直流反应磁控溅射制备，用此种方法制备 Ti/a-C：H 复合薄膜，由于沉积过程中反应气体甲烷的解离，使金属

Ti 靶材表面出现“靶中毒”现象，Ti 靶表面在制备过程中逐渐被反应生成的碳质薄膜遮盖。薄膜沉积过程中甲烷流量较低时，因为大量氩离子对甲烷分子的刻蚀，甲烷的离化率随甲烷流量的增加而增大，甲烷的离化率的提高能提高薄膜的沉积速率，同时此时金属靶材表面“靶中毒”较轻，金属靶材表面容易被氩离子刻蚀，大量金属 Ti 原子溅射导致薄膜生长速率增加；当甲烷流量逐渐增加至较高水平时，金属靶材表面“靶中毒”逐渐加重，靶材表面逐渐被碳质薄膜覆盖，导致薄膜沉积速率降低。

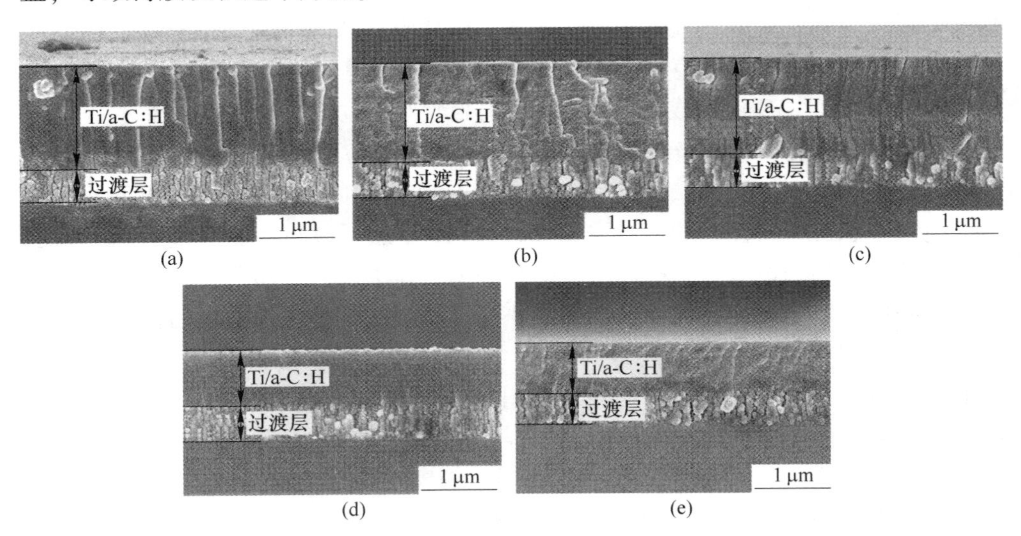

图 3.1 不同甲烷流量下沉积 Ti/a-C：H 复合薄膜的断面形貌

（a）8sccm；（b）10sccm；（c）12sccm；（d）14sccm；（e）16sccm

图 3.2 给出了制备过程中不同甲烷流量下沉积 Ti/a-C：H 复合薄膜的 AFM 三维表面轮廓。从图中可以看出，所有 Ti/a-C：H 复合薄膜样品表面呈现出较明显的微凸体特征。由 AFM 的表征结果分析可得出不同甲烷流量下制备的 Ti/a-C：H 复合薄膜样品表面的均方根粗糙度，可以看出磁控溅射技术沉积的系列 Ti/a-C：H 复合薄膜表面较光滑，都表现为较低的粗糙度。随着制备过程中甲烷气体流量的逐渐增大，Ti/a-C：H 复合薄膜样品表面的粗糙度先减小后逐渐升高，当甲烷流量为 12sccm 时，薄膜表面最光滑具有最小的表面粗糙度值。这主要由于甲烷流量较高时，金属 Ti 靶表面“靶中毒”较严重，Ti 掺杂被完全抑制，同时实验过程中靶表面和薄膜样品上伴随有电弧放电，因此表面粗糙度较高；随着甲烷流量的减少，薄膜制备反应稳定，Ti 的掺杂含量逐渐增加，填补表面的凹坑，粗糙度减小；但是甲烷流量过小，薄膜沉积速率的增加，薄膜表面会有较大颗粒物的形成，粗糙度反而会逐渐增加。

通过 XRD 研究不同甲烷流量下制备的 Ti/a-C：H 复合薄膜的物相组成，相

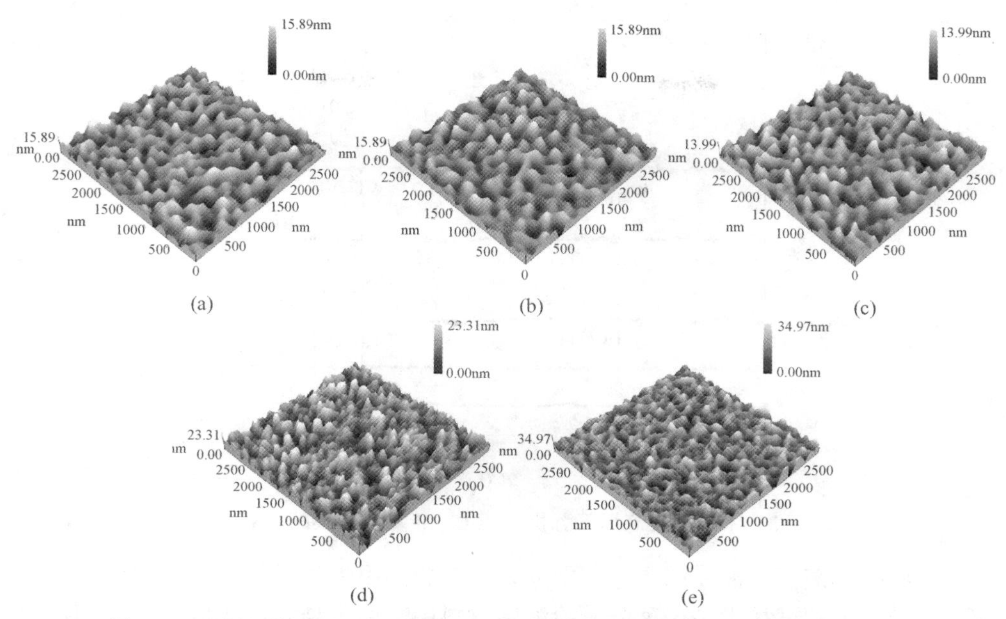

图 3.2 不同甲烷流量下沉积 Ti/a-C：H 复合薄膜的 AFM 三维表面轮廓照片

(a) 8sccm；(b) 10sccm；(c) 12sccm；(d) 14sccm；(e) 16sccm

应的结果如图 3.3 所示。结果显示在 Ti/a-C：H 复合薄膜中有 TiC 碳化物晶体相生成。与 ICDD-PDF 标准数据相比对，位于 33.5°与 61.5°的两个 XRD 衍射峰为 TiC（111）与（220）晶面。当甲烷流量为 8sccm 时，Ti/a-C：H 复合薄膜仅有 TiC（220）衍射峰出现，随着甲烷流量增大至 16sccm，TiC（220）峰位强度逐渐单调降低，TiC（111）峰位先增加后降低。甲烷流量为 16sccm 时所制备的薄膜样品中无任何衍射峰出现，表明此时沉积的 Ti/a-C：H 复合薄膜是以非晶态存在[32]。

Ti/a-C：H 复合薄膜中尖锐的 TiC（111）与 TiC（220）衍射峰的存在代表薄膜为碳化物金属掺杂的 Ti/a-C：H 复合薄膜。随着薄膜制备过程中通入的甲烷流量的增大，TiC 衍射峰强度减小。结果表明，随着甲烷流量的增大薄膜中非晶相态碳的百分含量增加，TiC 碳化物晶粒相含量减小[33]。由此可见，金属 Ti 掺杂过程可能分成两种阶段：第一阶段，甲烷流量较高时，薄膜中 Ti 含量较低，Ti 以原子或 TiC 非晶体形式分布在非晶态碳矩阵结构中[34]；第二阶段，在甲烷流量较低的情况下，金属 Ti 原子以 TiC 晶体的形成弥散分布于 Ti/a-C：H 复合薄膜中。结果类似于 Y. X. Wang 等人[35]报道，只有当 Ti 离子的含量超过一定界限时，Ti 和 C 才能结合形成 TiC 碳化物晶体。反应磁控溅射技术制备 Ti/a-C：H 复合薄膜的过程中，甲烷流量不同，金属靶材“靶中毒”情况也会不同，靶材表面被溅射出的 Ti 离子数量也会相应变化。因此，Ti/a-C：H 复合薄膜中 Ti 元素

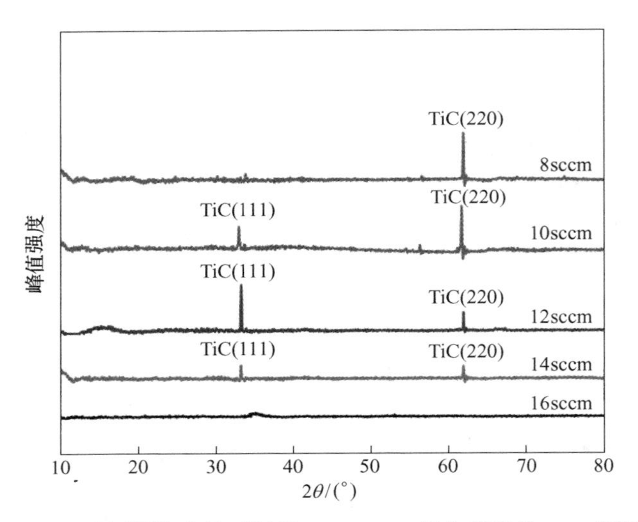

图 3.3 不同甲烷流量下沉积 Ti/a-C：H 复合薄膜的 XRD 图谱

的化学状态的演变与薄膜沉积过程中通入真空腔的甲烷流量的变化密切相关。

拉曼光谱测试技术是一种分析检测碳材料中碳原子结合性质的普遍应用的无损伤测试技术。一般来讲，可见光的拉曼光谱曲线能够拟合成两个高斯峰，分别为 1560cm^{-1}附近的 G 峰和 1360cm^{-1}附近的 D 峰[36]。通过拉曼光谱测试技术研究不同甲烷流量下制备的 Ti/a-C：H 复合薄膜中碳原子键合结构的变化情况。图 3.4 所示为光谱波长范围 800cm～2000cm^{-1}的不同甲烷流量下所制备 Ti/a-C：H 复合薄膜的拉曼光谱。由图可见，所有 Ti/a-C：H 复合薄膜样品的拉曼光谱曲线为一个带肩峰的不对称的宽峰。通过高斯拟合可以得到 G 峰位置和 I_D/I_G 值。图 3.5 所示为不同甲烷流量下制备的 Ti/a-C：H 复合薄膜的拉曼光谱的 G 峰位置和 I_D/I_G 值的变化规律。结果显示，随着甲烷流量从 8sccm 增加至 16sccm，G 峰位置由 1539cm^{-1}降低至 1537cm^{-1}，I_D/I_G 值由 1.02 降低至 0.81。数据的变化规律表明，随着薄膜制备过程中甲烷流量的增加，Ti/a-C：H 复合薄膜中的 sp^3 含量逐渐增加。因为，随着甲烷流量的增加，Ti/a-C：H 复合薄膜中金属 Ti 元素的百分含量逐渐降低，非晶态碳的百分含量逐渐增多。

3.1.2 Ti/a-C：H 薄膜的力学性能

图 3.6 为不同甲烷流量下制备的 Ti/a-C：H 复合薄膜的硬度和弹性模量的变化规律。从图中看出，随着甲烷流量从 16sccm 逐渐降低至 8sccm，Ti/a-C：H 复合薄膜的硬度和弹性模量分别从 16.7GPa 和 138.5GPa（16sccm）逐渐降低至 15.2GPa 和 126.7GPa（10sccm），然后增加至 15.5GPa 和 128.6GPa（8sccm）。通常，非晶碳薄膜的力学性能由薄膜中的 sp^3 杂化键含量的多少来决定。根据拉

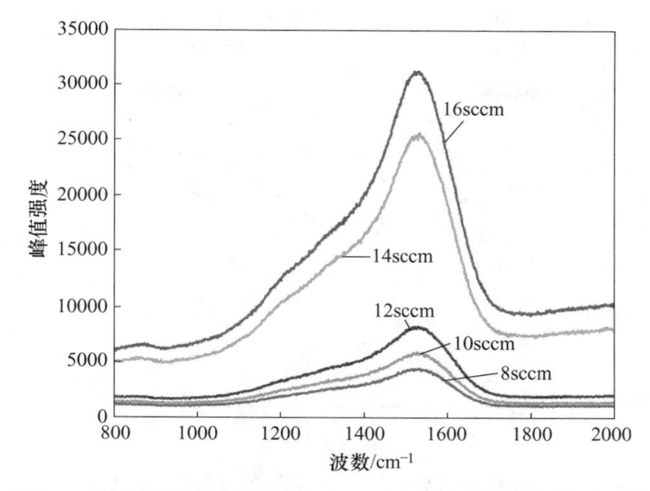

图 3.4 不同甲烷流量下制备 Ti/a-C：H 复合薄膜的拉曼光谱

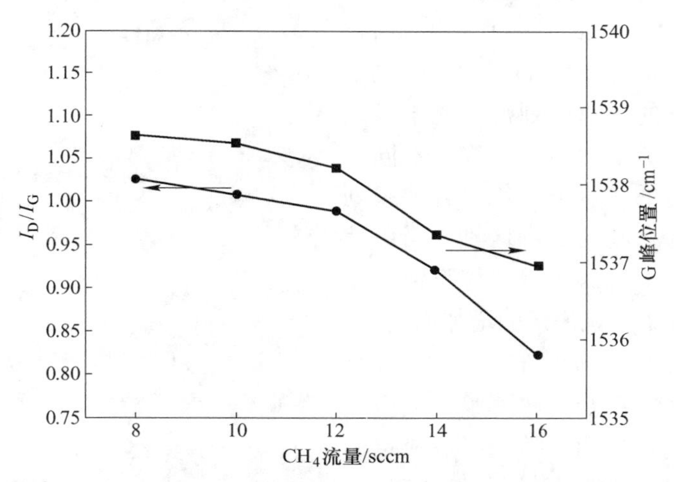

图 3.5 Ti/a-C：H 复合薄膜 G 峰位置和 I_D/I_G 值随着甲烷流量变化的规律

曼光谱结果，随着甲烷流量的降低，Ti/a-C：H 复合薄膜的石墨化加剧，薄膜的硬度逐渐降低。然而，甲烷流量较低为 8sccm 时，反应磁控溅射过程中，大量 Ti 原子与碳原子反应形成硬质 TiC 晶粒掺杂在非晶碳薄膜中，抵消了一部分薄膜石墨化的影响，导致薄膜硬度和弹性模量的小幅度升高，此时 Ti/a-C：H 复合薄膜的硬度和弹性模量分别为 15.5GPa 和 128.6GPa。大量金属钛的碳化物晶体嵌在 DLC 矩阵结构中将引起薄膜硬度和弹性模量的升高已有报道[37]。

制备得到具有高附着力的 DLC 防护薄膜是目前制备非晶碳薄膜所面临的主要挑战之一，非晶碳薄膜与基底的结合力会影响薄膜的摩擦磨损和腐蚀等其他性能。Ti/a-C：H 复合薄膜的结合力由划痕仪测试得到，结合力（L_C）由声发射

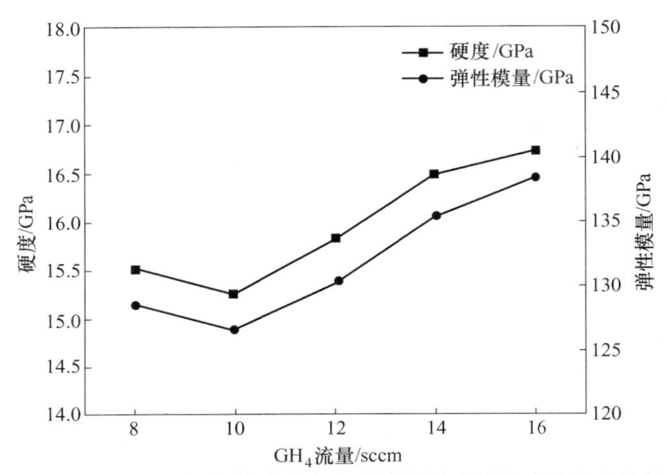

图 3.6 Ti/a-C : H 复合薄膜硬度和弹性模量随甲烷流量的变化规律

曲线分析得到如下：22N （8sccm）、31N（10sccm）、40N（12sccm）、33N（14sccm）和 28N （16sccm），同时钢基底上不同甲烷流量下制备的薄膜的划痕的光学显微镜图如图 3.7 所示。由图可知，不同甲烷流量下制备的 Ti/a-C : H 复合薄膜划痕的破裂行为存在明显的区别。当甲烷流量较低时（8～12sccm），薄膜结合力随着制备过程中甲烷流量的增加而增加，当甲烷流量为 12sccm 时 Ti/a-C : H 复合薄膜具有最佳的结合力，薄膜划痕有很少的分层剥离；然而，随着甲烷流量的增加，所制备薄膜的结合力逐渐降低，甲烷流量为 16sccm 时，Ti/a-C : H 复合薄膜结合力仅为 28N，且薄膜有严重的分层剥离出现。薄膜结合力受甲烷流量的影响主要是因为薄膜的本征内应力与甲烷流量密切相关。随着甲烷流量的增加，掺入 Ti/a-C : H 复合薄膜中的金属 Ti 元素渐渐减少，薄膜中 TiC 碳化物晶粒数量减少，sp^3 杂化键含量逐渐增加，而薄膜中 TiC 碳化物晶粒是释放薄膜内

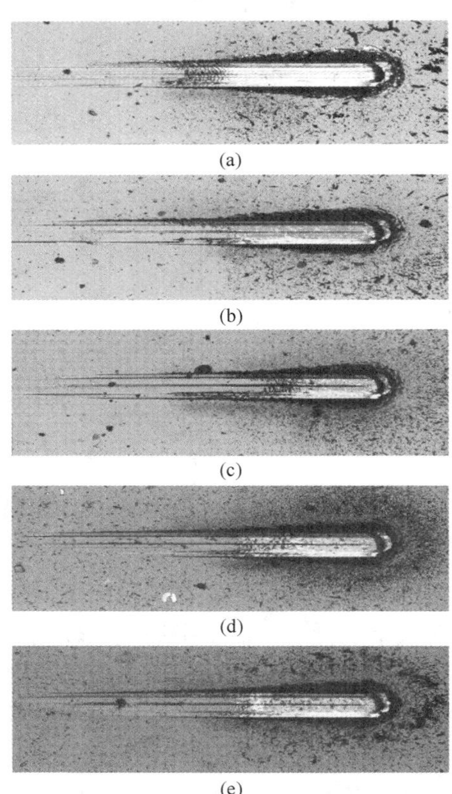

图 3.7 不同甲烷流量下制备的 Ti/a-C : H 复合薄膜的划痕

（a）8sccm；（b）10sccm；（c）12sccm；（d）14sccm；（e）16sccm

应力的关键因素，因此，在高的甲烷流量下制备的 Ti/a-C∶H 复合薄膜表现为近乎纯的 DLC，具有很高的薄膜内应力。当甲烷流量为 12sccm 时，Ti/a-C∶H 复合薄膜中有适量的金属 Ti 掺杂，薄膜能得到相对较低的薄膜内应力，有效改善薄膜与基底的结合力。

3.1.3 Ti/a-C∶H 薄膜的摩擦磨损行为

图 3.8 所示为不同甲烷流量下制备的 Ti/a-C∶H 复合薄膜在大气环境下的摩擦系数随时间变化的曲线，薄膜相应的磨损率（$\times10^{-7}$，单位 $mm^3/(N\cdot m)$）如下：8.8（8sccm），8.4（10sccm），6.8（12sccm），8.3（14sccm）和 11.6（16sccm）。甲烷流量从 8sccm 上升到 12sccm，稳定摩擦系数和磨损率首先由 0.12 和 $8.8\times10^{-7}mm^3/(N\cdot m)$ 降低至 0.09 和 $6.8\times10^{-7}mm^3/(N\cdot m)$。然而，当甲烷流量继续增加至 16sccm 时，薄膜的稳定摩擦系数和磨损率增加到 0.18 和 $11.6\times10^{-7}mm^3/(N\cdot m)$。结果表明，甲烷流量对 Ti/a-C∶H 复合薄膜的摩擦学性能有着明显的影响。图 3.9 所示为系列 Ti/a-C∶H 复合薄膜表面的磨痕形貌，图 3.10 为氮化硅对偶球上的磨斑形貌。甲烷流量为 12sccm 时所制备的 Ti/a-C∶H 复合薄膜表面磨痕形貌最光滑并最浅，同时测试过程中相对应的对偶球上的磨斑也最小；在其他甲烷流量下制备的 Ti/a-C∶H 复合薄膜有相对较深和宽的磨痕轮廓，同时磨痕周边有大量磨屑聚集。薄膜大气环境下摩擦学行为的变化规律与薄膜的微观结构和力学性能密切相关。通过前面的分析，适量掺杂 Ti 的薄膜有相对致密的断面结构、良好的结合力和硬度，具有最佳的摩擦学性能，Ti/a-C∶H 复合薄膜中 Ti 含量过高或过低，都会降低薄膜的摩擦磨损性能。因此，在甲烷流量为 12sccm 时沉积的 Ti/a-C∶H 复合薄膜具有最佳的摩擦磨损性能。

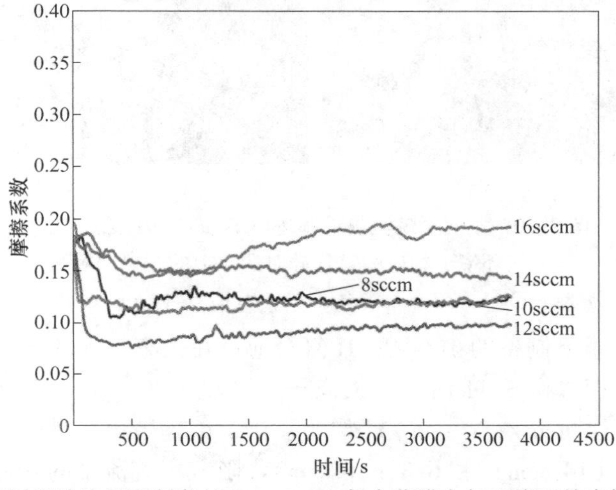

图 3.8 不同甲烷流量下制备的 Ti/a-C∶H 复合薄膜大气环境下的摩擦系数曲线

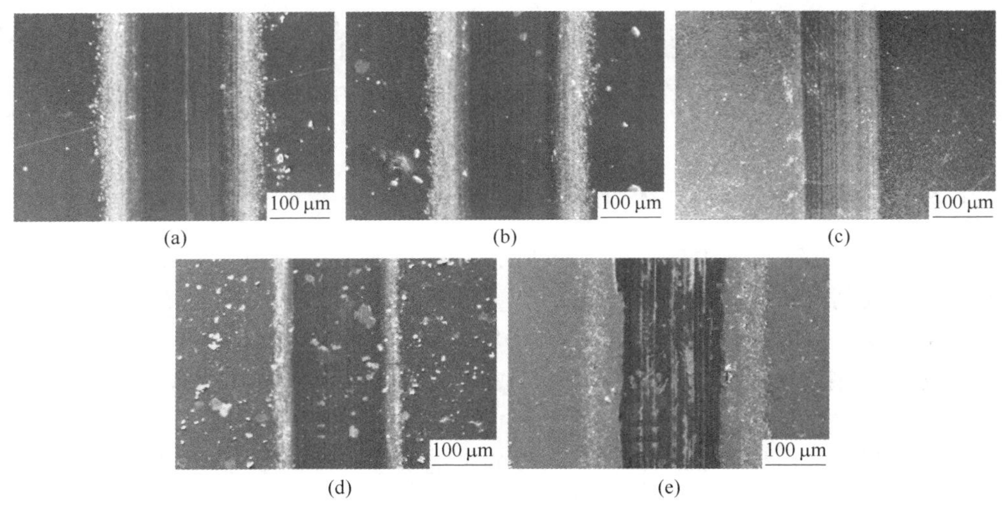

图 3.9　不同甲烷流量下制备的 Ti/a-C∶H 复合薄膜大气环境下磨痕形貌

（a）8sccm；（b）10sccm；（c）12sccm；（d）14sccm；（e）16sccm

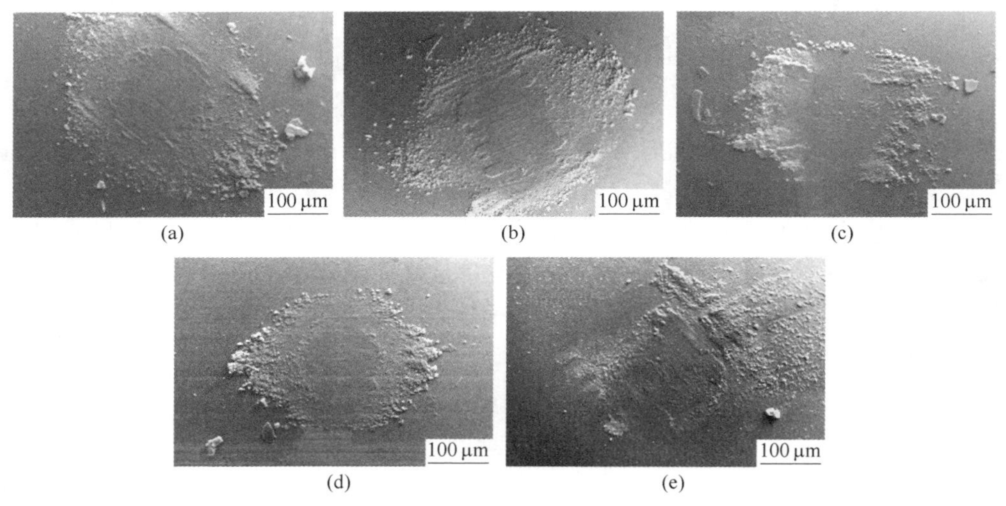

图 3.10　不同甲烷流量下制备的 Ti/a-C∶H 复合薄膜
大气环境下相应的氮化硅对偶球上的磨斑形貌

（a）8sccm；（b）10sccm；（c）12sccm；（d）14sccm；（e）16sccm

不同甲烷流量下制备的 Ti/a-C∶H 复合薄膜在去离子水环境下摩擦系数随摩擦时间的变化规律如图 3.11 所示。去离子水环境下 Ti/a-C∶H 复合薄膜的磨损率（$\times10^{-7}$，单位 $mm^3/(N \cdot m)$）如下：9.3（8sccm），8.9（10sccm），5.1（12sccm），6.1（14sccm）和 6.3（16sccm）。随着甲烷流量的降低，摩擦系数和磨损率首先由 0.10 和 $6.3\times10^{-7} mm^3/(N \cdot m)$（16sccm）降低至 0.08 和 $5.1\times$

$10^{-7}mm^3/(N·m)$（12sccm），继续降低甲烷流量，摩擦系数和磨损率逐渐增加至0.11和$9.3×10^{-7}mm^3/(N·m)$（8sccm）。甲烷流量为12sccm时所制备的薄膜具有最低的摩擦系数和磨损率。与上述同一Ti/a-C：H复合薄膜在大气环境下测试的摩擦系数相比，薄膜在去离子水环境下的摩擦系数都较大气环境中干摩擦的低，主要因为在去离子水环境下水能起到润滑作用降低摩擦剪切阻力，摩擦系数降低；同时水润滑状态下的摩擦过程中氮化硅对偶球的表面能与水发生化学反应生成硅酸溶胶，硅酸溶胶能起到边界润滑的效果，改善薄膜的摩擦学性能。

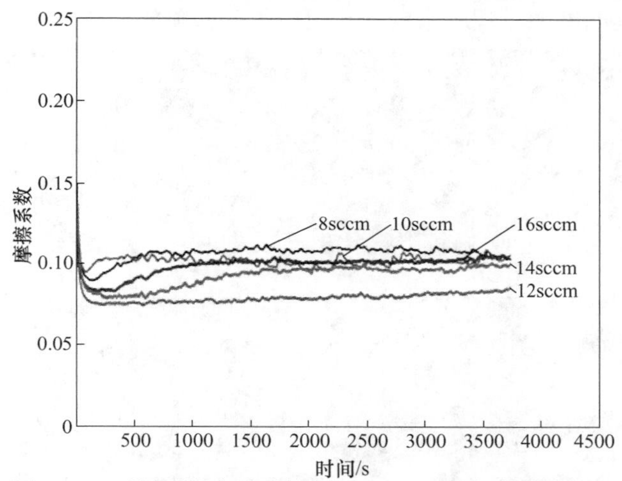

图3.11　不同甲烷流量下制备的Ti/a-C：H复合薄膜在去离子水环境中的摩擦系数随摩擦时间变化的规律

当甲烷流量较高（12～16sccm）时，Ti/a-C：H复合薄膜在去离子水中的磨损率比在大气环境下的要低，而当甲烷流量较低（8～12sccm）时，薄膜在去离子水环境中的磨损率反而比在大气环境中的高，主要因为在去离子水环境中薄膜的致密度将严重影响薄膜的磨损特性。水润滑作用将导致接触表面低的摩擦剪切力薄膜磨损率降低。然而，摩擦过程中有交变应力存在，在甲烷流量较低时所制备的Ti/a-C：H复合薄膜结构疏松，水分子将渗入薄膜中；另外，水分子通过疏松结构到达过渡层和基底，水分子的存在将促进薄膜微裂纹的萌生与扩展，导致薄膜在摩擦测试过程中会在一些地区发生脆性破坏。此外，甲烷流量较低时所制备的Ti/a-C：H复合薄膜中有较多的TiC碳化物晶粒生成，摩擦测试过程中形成的转移膜中TiC碳化物晶粒与水反应在摩擦表面生成TiO或TiO_2凝胶将会加剧Ti/a-C：H复合薄膜的磨损。因此，当甲烷流量较低（8～12sccm）时，薄膜在去离子水环境中的磨损率反而比在大气环境中的高。

图3.12为在去离子水环境中摩擦磨损测试后Ti/a-C：H复合薄膜表面的磨痕形貌，图3.13为相应对偶球上的磨斑形貌。在甲烷流量为8sccm时所沉积的

薄膜表面有最深和最宽的磨痕，并且大量磨屑覆盖在磨痕周边，磨痕里面可以看到薄膜已有部分剥离；随着甲烷流量从 8sccm 增加至 12sccm，所制备薄膜样品上的磨痕和相应对偶球上磨斑形貌逐渐减小并且磨痕和磨斑周边的磨屑越来越少；在甲烷流量为 12sccm 时所制备 Ti/a-C：H 复合薄膜表面的磨痕形貌相对光滑且最窄，并且相应对偶球的磨斑最小；随着甲烷流量继续增大，薄膜表面磨痕轮廓逐渐变宽和变深，对偶球磨斑形貌逐渐变大且磨斑的周围覆盖有更多磨屑。对比不同环境下磨斑图，发现在去离子水环境中，氮化硅对偶球上的转移物质比大气环境中更少，表明摩擦过程中水的存在阻碍了转移膜的形成。

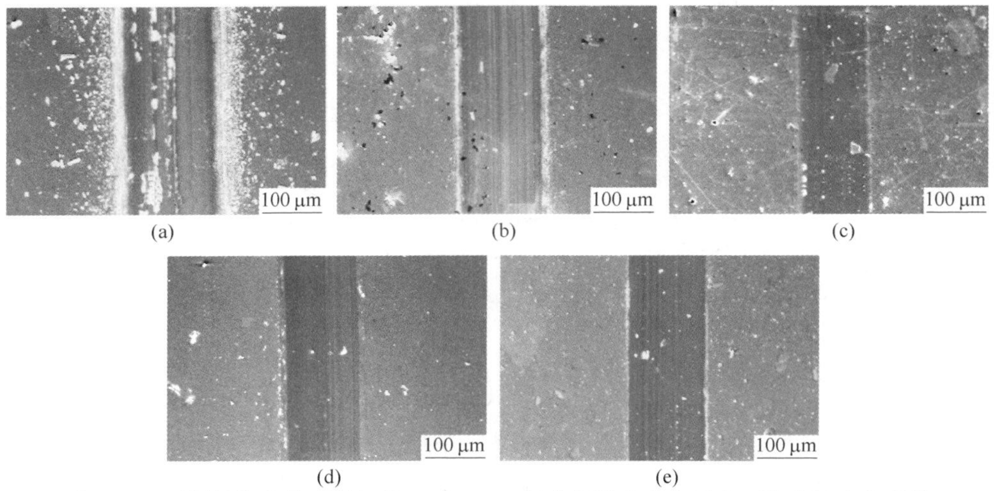

图 3.12　不同甲烷流量下制备的 Ti/a-C：H 复合薄膜在去离子水环境中的磨痕形貌

（a）8sccm；（b）10sccm；（c）12sccm；（d）14sccm；（e）16sccm

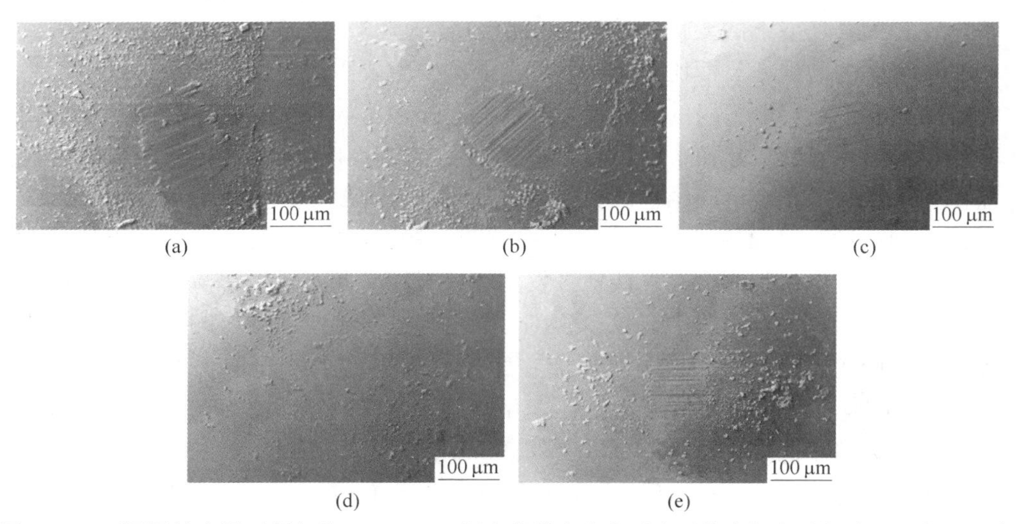

图 3.13　不同甲烷流量下制备的 Ti/a-C：H 复合薄膜在去离子水环境中相应对偶球上的磨斑形貌

（a）8sccm；（b）10sccm；（c）12sccm；（d）14sccm；（e）16sccm

通过直流反应磁控溅射技术在单晶硅和 304 不锈钢基底材料上成功制备一系列的 Ti/a-C：H 复合薄膜。薄膜沉积过程中甲烷流量对 Ti/a-C：H 复合薄膜的微观结构和性质有重要影响。随着甲烷流量的增大，薄膜的厚度降低，薄膜由疏松的柱状结构向致密的均匀同质结构转变。在甲烷流量较低时，Ti/a-C：H 复合薄膜中有 TiC 碳化物晶粒生成，而当甲烷流量较高时，碳矩阵结构中没有 TiC 碳化物晶粒生成。随着甲烷流量的增加，薄膜中 sp^3 杂化键含量逐渐增加。大气环境中 Ti/a-C：H 复合薄膜的摩擦系数和磨损率随着甲烷流量的增加先降低后增加，甲烷流量从 8sccm 增加至 12sccm 时，摩擦系数和磨损率逐渐降低，甲烷流量为 12sccm 时所制备 Ti/a-C：H 复合薄膜具有最低的摩擦系数和磨损率，当甲烷流量继续增加时摩擦系数和磨损率逐渐增加。因此，在大气环境和水环境条件下 Ti/a-C：H 复合薄膜都能够获得优异的减摩抗磨性能。

3.2　单金属复合非晶碳 Cr/a-C：H 耐磨薄膜

类金刚石非晶碳薄膜材料作为一种表面功能防护薄膜材料在光学窗口、磁性数据存储、汽车零部件、场发射装置（FED）和微电子装置（MEMs）等众多领域具有广泛的应用前景[38]。然而，薄膜中存在高的内应力导致薄膜与基底之间具有低的结合力，严重限制非晶碳薄膜的实际应用[39]。因此，设计与开发具有高硬度、低内应力、良好韧性的与基底材料具有高附着力的非晶碳薄膜材料越来越重要。金属掺杂作为一种能有效克服非晶碳薄膜自身缺陷和提高非晶碳薄膜性能的方法已得到广泛研究。当前，金属元素如 Ti、Cr、Ag、W 和 Al 等经常作为掺杂元素掺入 DLC 矩阵中来减小薄膜本征内应力与增加薄膜和基底材料之间的结合力。金属 Cr 元素作为一种金属掺杂元素掺入非晶碳薄膜能有效地降低薄膜的内应力，同时不以降低薄膜硬度和牺牲薄膜的摩擦磨损性能或其他优良特性为代价。报道称，这主要由于铬的碳化物纳米晶弥散分散于 DLC 矩阵中，基底上 Cr-DLC 的残余内应力得到释放，薄膜与基底材料之间的结合力得到明显的改善，同时也有报道称 Cr-DLC 薄膜良好的摩擦学性能主要是因为薄膜中第二相的存在[40]。通常，Cr-DLC 可以通过许多方法沉积，不同的沉积方法和工艺参数沉积的 Cr-DLC 薄膜的结构和性质有很大的差异。因此，研究沉积参数如磁控溅射系统中甲烷的流速对 Cr-DLC 薄膜的影响非常重要。尽管，有文献已经讨论 Cr-DLC 薄膜的结构和力学性能，但是对于研究气体甲烷流速对 Cr-DLC 薄膜的微观结构和去离子水环境中的摩擦学性能的影响还少见报道。

本节使用直流反应磁控溅射系统在氩气和甲烷混合气体环境中，以单晶硅 Si（100）和 304 不锈钢为基底，改变通入真空腔中的甲烷流量成功制备了系列 Cr/a-C：H 复合薄膜。系统研究制备过程中甲烷流量的变化对 Cr/a-C：H 复合薄膜的形貌、微结构、力学性能和薄膜在大气环境和去离子水环境下的摩擦磨损行为的影响[30]。

3.2.1　Cr/a-C：H 薄膜的微结构

图 3.14 所示为单晶硅片上不同甲烷流量下制备的 Cr/a-C：H 复合薄膜的断面形貌。从图中可以看出，Cr/a-C：H 复合薄膜和基底材料之间的金属 Cr 过渡层为典型的柱状晶结构，各层薄膜界面之间结合良好没有明显的剥离。特别地，随着沉积过程中甲烷流量的增加，薄膜由疏松粗糙的结构逐渐向致密均匀的结构转变，而且发现通过机械折断之后的 Cr/a-C：H 复合薄膜与基底无任何剥落脱离。由薄膜的断面形貌分析计算可求得薄膜的沉积速率。结果显示，随着甲烷流量的增加，Cr/a-C：H 复合薄膜的厚度从 661nm（16sccm）逐渐降低至 314nm（24sccm）。

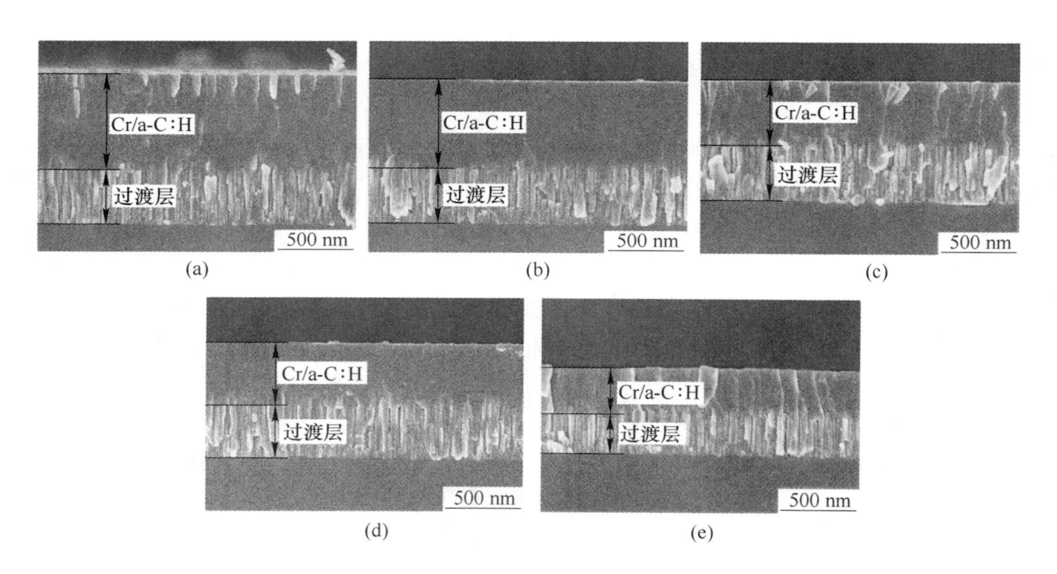

图 3.14　不同甲烷流量下沉积 Cr/a-C：H 复合薄膜的断面形貌
（a）16sccm；（b）18sccm；（c）20sccm；（d）22sccm；（e）24sccm

图 3.15 给出了不同甲烷流量下制备的 Cr/a-C：H 复合薄膜的 AFM 三维形貌图，由图可见 Cr/a-C：H 复合薄膜表面呈现出较明显的微凸体特征。由原子力显微镜（AFM）的表征结果分析可得出不同甲烷流量下制备的 Cr/a-C：H 复合薄膜的表面均方根粗糙度，可以看出：用磁控溅射法制备的系列 Cr/a-C：H 复合薄膜都拥有较光滑的表面，具有较低的表面粗糙度值，随着制备过程中甲烷气体流量的增大，Cr/a-C：H 复合薄膜的表面粗糙度先呈现出减小的趋势；在甲烷流量为 20sccm 时能沉积得到具有最低表面粗糙度的薄膜，表面粗糙度仅为 4.08nm；然后甲烷流量继续加大表面粗糙反而增加。

图 3.16 所示为 Cr/a-C：H 复合薄膜的 XRD 衍射图。XRD 衍射图谱中衍射峰

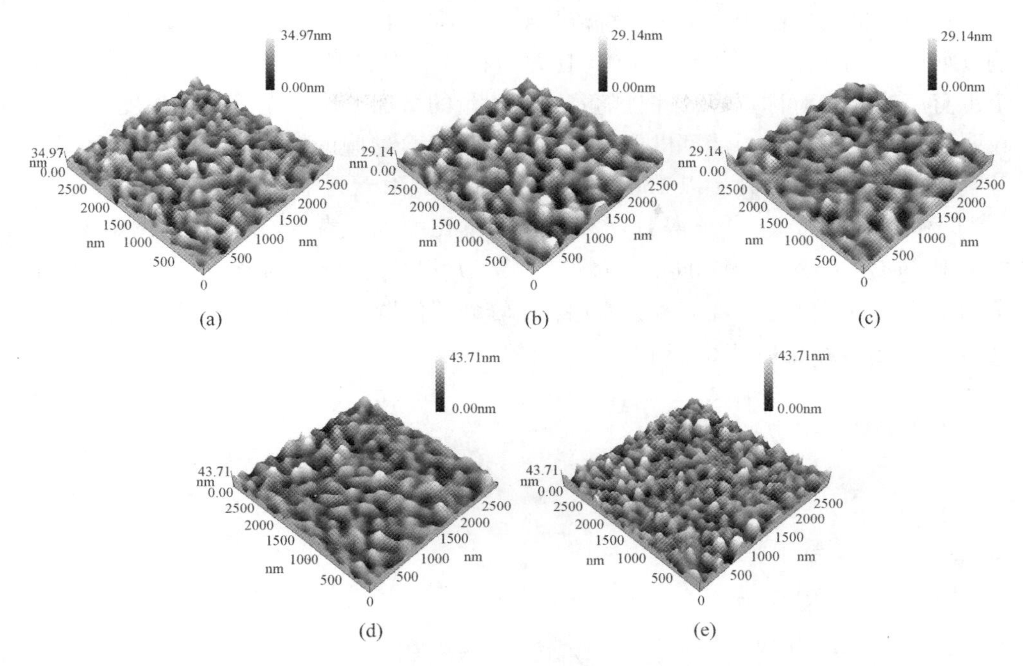

图 3.15　不同甲烷流量下沉积 Cr/a-C : H 复合薄膜的 AFM 三维表面轮廓照片

(a) 16sccm; (b) 18sccm; (c) 20sccm; (d) 22sccm; (e) 24sccm

位 33.2°、44.7° 和 61.9° 分别表示为 Cr_3C_2 (201)、Cr_3C_2 (204) 和 Cr_3C_2 (215)。与 ICDD-PDF 标准数据相比对，薄膜中 Cr_3C_2 相的衍射峰位位置有一定的偏移。如图 3.16 所示，随着薄膜制备过程中甲烷流量从 16sccm 增加到 24sccm，制备的 Cr/a-C : H 复合薄膜中 Cr_3C_2 引起的衍射峰峰强呈现出减小的趋势。

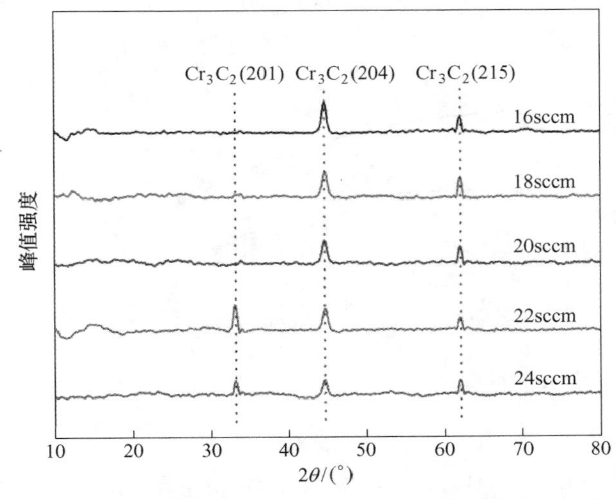

图 3.16　不同甲烷流量下沉积 Cr/a-C : H 复合薄膜的 XRD 图谱

拉曼光谱被广泛用来鉴定甲烷流量对 Cr/a-C：H 复合薄膜中碳化学成键的影响。如图 3. 17 所示，所有 Cr/a-C：H 复合薄膜样品的拉曼光谱曲线都表现为一个带有肩峰的非对称宽峰，并且随着甲烷流量的增加，拉曼光谱峰强强度呈现出较明显的增大趋势。用计算机拟合 Cr/a-C：H 复合薄膜的拉曼光谱曲线进行高斯分解，得到两个对称峰，以 1560cm^{-1}和 1360cm^{-1}附近为中心，分别对应于 G 峰（带）和 D 峰（带）。并求得 D 峰和 G 峰强度比，也即为 I_D/I_G 比值。图 3. 18 所示为 Cr/a-C：H 复合薄膜的 G 峰峰位位置和 I_D/I_G 比值随薄膜制备过程中甲烷流量的变化关系。随着甲烷流量的增加，G 峰峰位位置从 1535cm^{-1}小幅度的降低至 1534cm^{-1}，I_D/I_G 比值从 0. 88 降低至 0. 82。

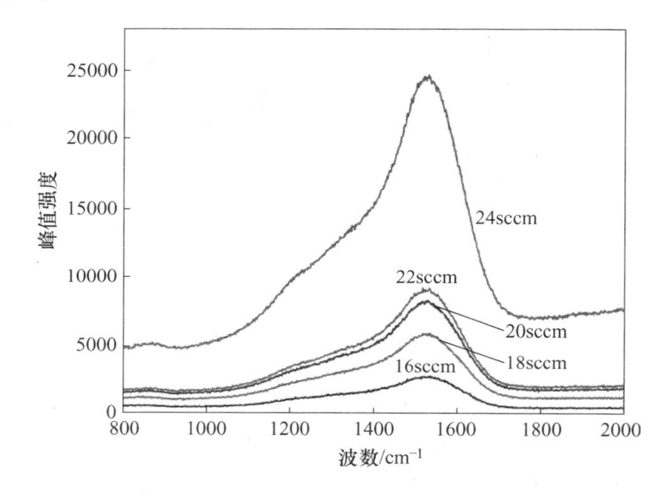

图 3. 17　不同甲烷流量下沉积 Cr/a-C：H 复合薄膜的拉曼光谱图

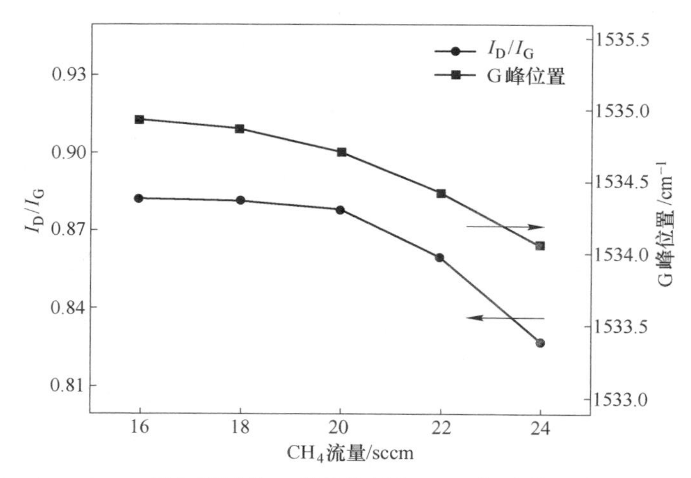

图 3. 18　Cr/a-C：H 复合薄膜的 G 峰的位置和 I_D/I_G 值随着甲烷流量变化的规律

3.2.2 Cr/a-C：H 薄膜的力学性能

图 3.19 所示为所沉积 Cr/a-C：H 复合薄膜的纳米硬度和弹性模量与制备过程中甲烷流量之间的变化情况。结果显示，甲烷流量为 16sccm 时，所制备薄膜的纳米硬度为 12.3GPa；随着甲烷流量的增加薄膜的纳米硬度呈单调增加的趋势；当甲烷流量增加到 24sccm 时，薄膜的纳米硬度增加到了 18.2GPa；随着甲烷流量从 16sccm 增加到 24sccm，薄膜的硬度和弹性模量分别从 12.3GPa 和 114.1GPa 单调地增加到 18.2GPa 和 143.6GPa。可以看出薄膜的弹性模量的变化趋势与纳米硬度的变化趋势非常相近：在甲烷流量为 16sccm 时薄膜的弹性模量约为 114.1GPa；随着甲烷流量的增加薄膜弹性模量单调增加；当继续增大制备过程中的甲烷流量为 24sccm 时所制备薄膜具有最高的弹性模量为 143.6GPa。

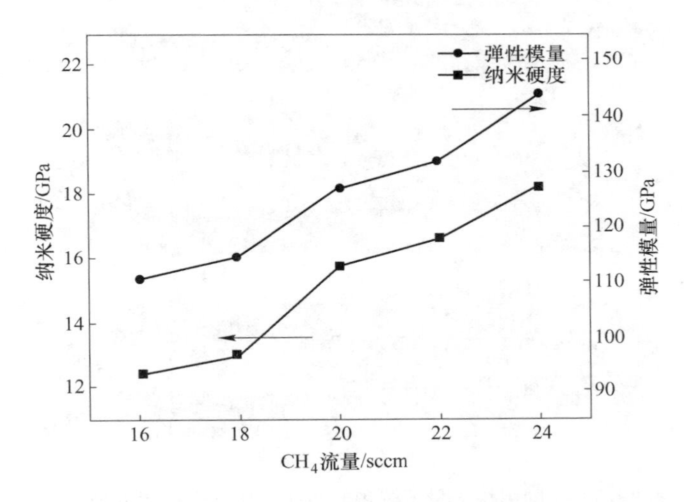

图 3.19 Cr/a-C：H 复合薄膜的硬度和弹性模量与甲烷流量之间的关系

通过划痕测试来测量 Cr/a-C：H 复合薄膜与 304 不锈钢基底之间的结合力，确定以声发射曲线第一次突变所对应的力为薄膜结合力的临界载荷（L_C），测试结果如下：28N（16sccm）、34N（18sccm）、36N（20sccm）、31N（22sccm）和 26N（24sccm），发现当甲烷流量为 20sccm 的条件下制备的 Cr/a-C：H 复合薄膜具有最佳的结合力。图 3.20 所示为 304 不锈钢基底上不同甲烷流量下所沉积的薄膜的划痕形貌。由图可以看出，Cr/a-C：H 复合薄膜的破裂行为受到薄膜制备过程中的甲烷流量的影响较大。在甲烷流量较高和较低时沉积的 Cr/a-C：H 复合薄膜都体现出更多的裂纹和局部脱落，在适宜甲烷流量 20sccm 时所沉积的 Cr/a-C：H 复合薄膜与基底材料之间具有最佳的结合性能。

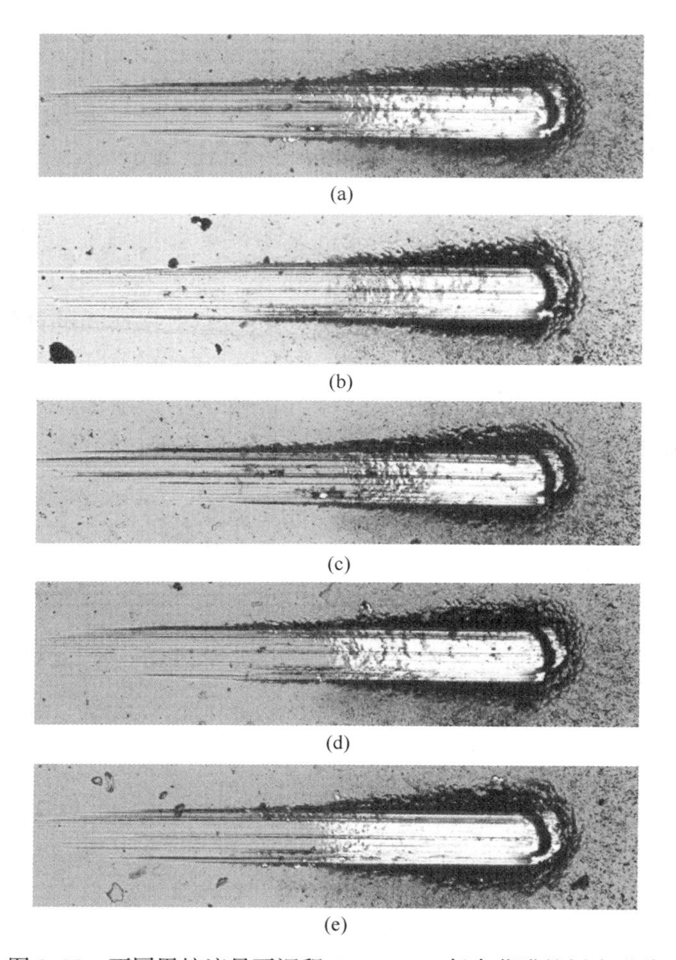

图 3.20　不同甲烷流量下沉积 Cr/a-C：H 复合薄膜的划痕形貌

（a）16sccm；（b）18sccm；（c）20sccm；（d）22sccm；（e）24sccm

3.2.3　Cr/a-C：H 薄膜的摩擦磨损行为

图 3.21 为大气环境下不同甲烷流量下制备的 Cr/a-C：H 薄膜的摩擦系数随着时间的变化曲线。测试结束后 Cr/a-C：H 复合薄膜样品上磨痕的截面形貌通过轮廓仪测得，用以分析计算薄膜在大气环境中的磨损率。结果显示，随着甲烷流量从 16sccm 增加到 20sccm，摩擦系数和磨损率分别从 0.13 和 $12.9\times10^{-7}mm^3/(N\cdot m)$ 逐渐降低到最低值 0.08 和 $7.6\times10^{-7}mm^3/(N\cdot m)$，但是随着制备过程中甲烷流量的继续增加，薄膜所表现出来的摩擦系数和磨损率反而呈增加的趋势；并且，在甲烷流量为 20sccm 时沉积的 Cr/a-C：H 复合薄膜的摩擦系数经过短暂磨合基本稳定不变，而其他甲烷流量下制备的 Cr/a-C：H 复合薄膜样品的摩

擦系数波动起伏，变化幅度较大。明显地，不同甲烷流量下制备的 Cr/a-C：H 复合薄膜具有不同的摩擦学性能，制备过程中甲烷流量与薄膜的摩擦磨损性能密切相关。

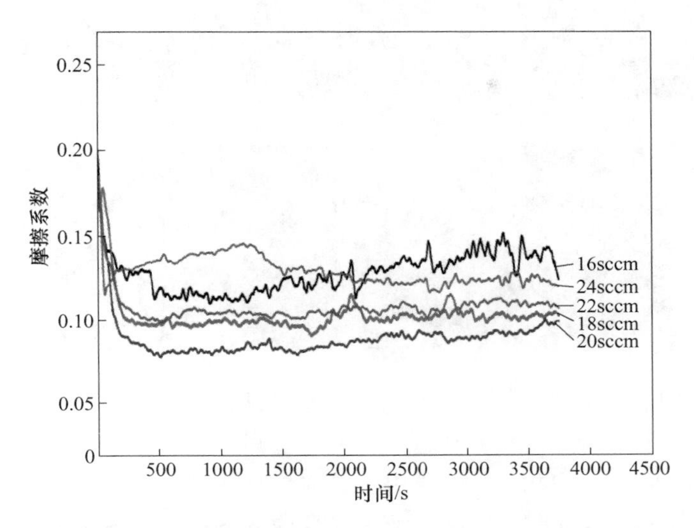

图 3.21　大气环境下不同甲烷流量沉积 Cr/a-C：H 复合薄膜的摩擦系数随着摩擦时间变化的规律

图 3.22 和图 3.23 所示依次为不同甲烷流量下制备的系列 Cr/a-C：H 复合薄

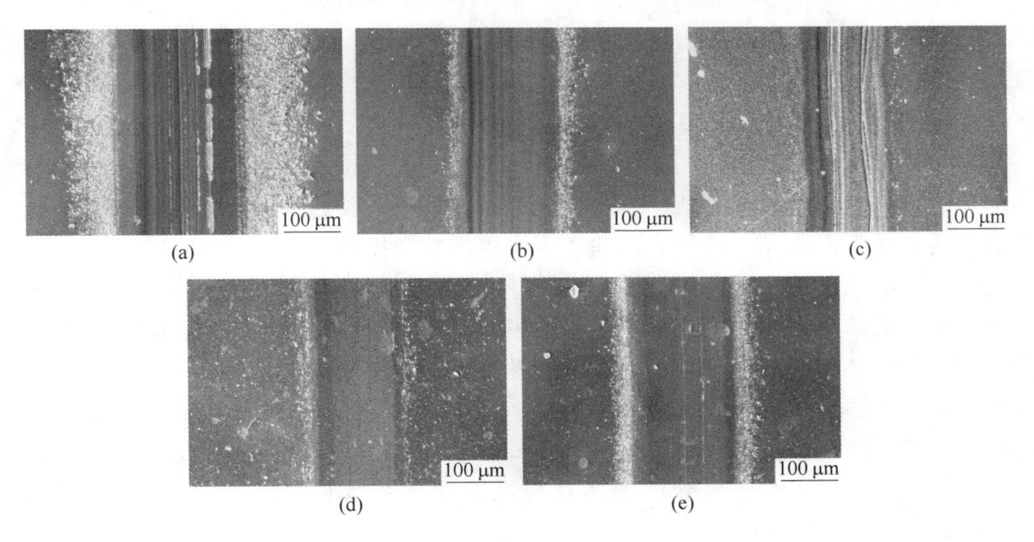

图 3.22　不同甲烷流量下制备的 Cr/a-C：H 复合薄膜大气环境下测试的磨痕形貌和相应的对偶球上磨斑形貌
（a）16sccm；（b）18sccm；（c）20sccm；（d）22sccm；（e）24sccm

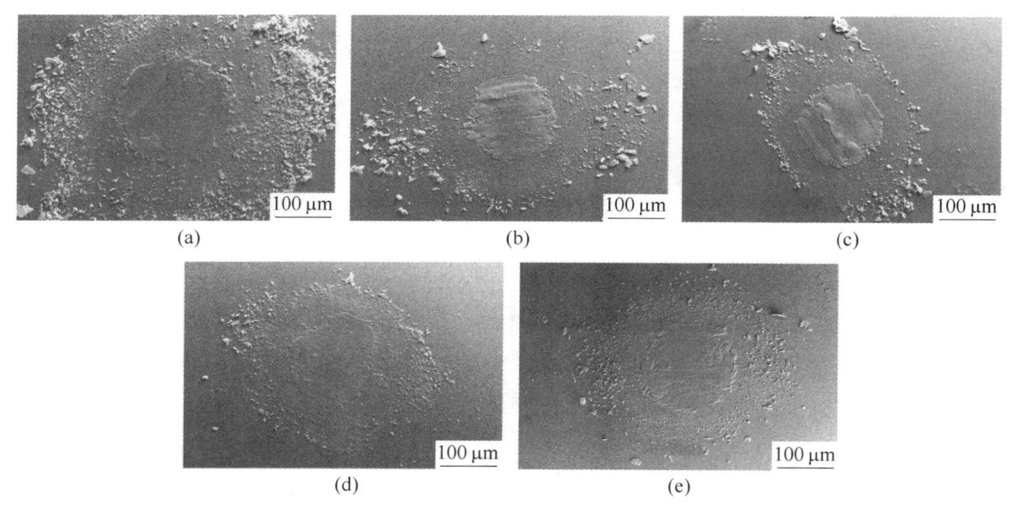

(a)　(b)　(c)　(d)　(e)

图 3.23　不同甲烷流量下制备的 Cr/a-C：H 复合薄膜大气环境下相应的磨斑形貌
（a）16sccm；（b）18sccm；（c）20sccm；（d）22sccm；（e）24sccm

膜大气环境下薄膜表面磨痕形貌和相应的对偶球上磨斑形貌。由图可以明显看出，甲烷流量为 20sccm 时，Cr/a-C：H 复合薄膜表面的磨痕形貌具有光滑狭窄的特征，同时相应对偶球磨斑周围的磨屑相对较少，且磨斑的尺寸相对较小。其他流量下制备的 Cr/a-C：H 复合薄膜表面的磨痕形貌磨损相对更严重，对偶球磨斑周围出现更多的磨屑且磨斑的尺寸更大，尤其是当甲烷流量较低为 16sccm 时，Cr/a-C：H 复合薄膜磨痕和对偶球磨斑周边均有大量磨屑覆盖。

图 3.24 为 Cr/a-C：H 复合薄膜在去离子水环境下的摩擦系数随着摩擦时间的变化曲线，并且通过计算得到 Cr/a-C：H 复合薄膜摩擦磨损测试后的磨损率。与大气环境下的摩擦系数测试结果比较，结果显示，同一 Cr/a-C：H 复合薄膜样品在拥有去离子水润滑的条件下所测试得到的摩擦系数更低，相应的在去离子水润滑的条件下 Cr/a-C：H 复合薄膜表现出更低的磨损率。特别要指出的是，在去离子水润滑的条件下所有薄膜样品都具有光滑和稳定的摩擦系数曲线。然而，去离子水润滑的条件下 Cr/a-C：H 复合薄膜的摩擦系数和磨损率随甲烷流量的变化规律与大气环境干摩擦条件下的不同。甲烷流量为 16sccm 时，Cr/a-C：H 复合薄膜的摩擦系数和磨损率较高，分别为 0.11 和 $11.5\times10^{-7}mm^3/(N\cdot m)$；随着甲烷流量的增加，薄膜的摩擦系数和磨损率表现为单调减小的趋势，在甲烷流量为 24sccm 时，Cr/a-C：H 复合薄膜具有最低的摩擦系数和磨损率分别为 0.06 和 $5.9\times10^{-7}mm^3/(N\cdot m)$。

图 3.25 和图 3.26 分别为扫描电镜下不同甲烷流量下制备的 Cr/a-C：H 复合薄膜在去离子水环境下的薄膜表面的磨痕形貌和相应对偶球的磨斑形貌。结果显示，甲烷流量为 16sccm 时，所沉积的 Cr/a-C：H 复合薄膜样品的磨痕较宽且磨

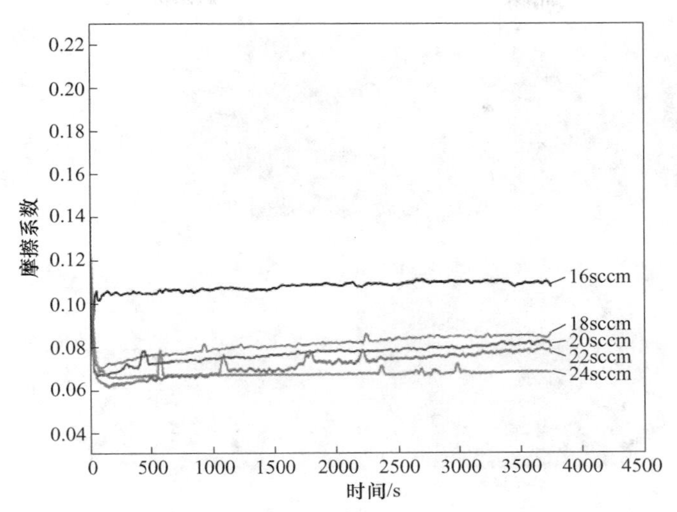

图 3.24 不同甲烷流量沉积 Cr/a-C∶H 复合薄膜在去离子水环境下的摩擦系数随着摩擦时间的变化曲线

痕周边聚集了大量磨屑颗粒，呈现出较为严重的磨粒磨损特征，同时相应对偶球上磨斑面积较大且没有明显的转移膜形成；随着甲烷流量的增大，磨痕形貌变得越来越小和光滑，同时对偶球磨斑的面积也逐渐减小。特别地，与大气环境下相比，在去离子水环境下对偶球的接触表面的转移材料相对较少。

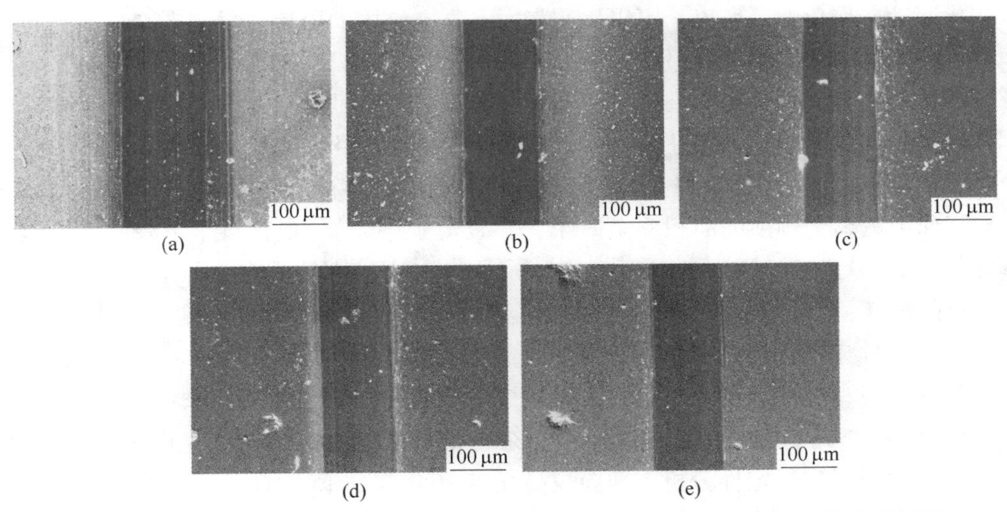

图 3.25 不同甲烷流量下制备的 Cr/a-C∶H 复合薄膜在去离子水环境中的磨痕形貌

(a) 16sccm；(b) 18sccm；(c) 20sccm；(d) 22sccm；(e) 24sccm

讨论：所制备的 Cr/a-C∶H 复合薄膜中 Cr 的掺杂含量与沉积过程中通入真空腔中的甲烷流量密切相关，通过改变薄膜沉积过程中通入真空腔中的甲烷流量

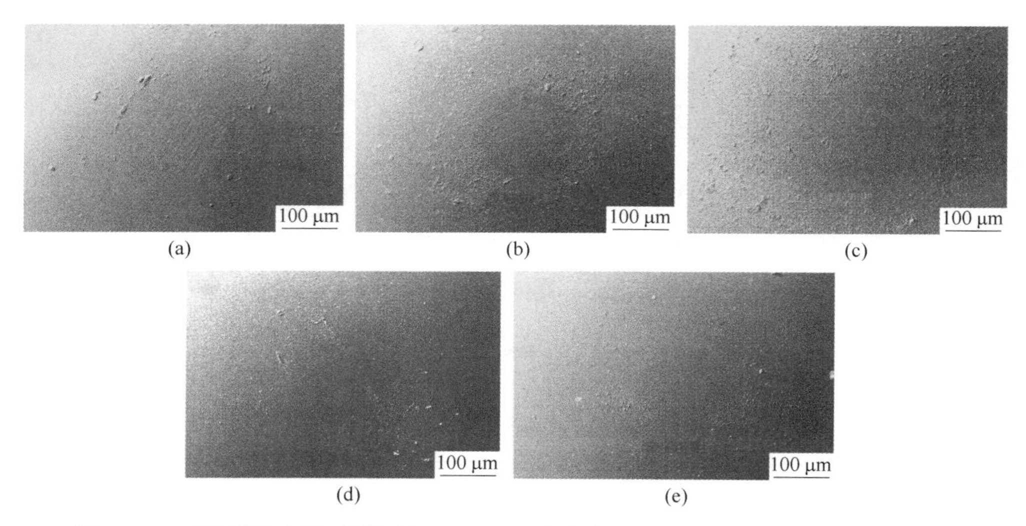

图 3.26　不同甲烷流量下制备的 Cr/a-C：H 复合薄膜在去离子水环境中的磨斑形貌
（a）16sccm；（b）18sccm；（c）20sccm；（d）22sccm；（e）24sccm

制备的 Cr/a-C：H 复合薄膜中的 Cr 含量将会不同，所以甲烷流量能显著影响薄膜的组成和微结构，进而影响薄膜的硬度、弹性模量和摩擦系数等性能。在氩气和甲烷的混合气氛下，金属 Cr 靶表面会被反应所生成的碳质薄膜覆盖，金属 Cr 靶表面被碳质薄膜覆盖的面积是随着薄膜制备过程中通入真空腔中的甲烷流量的变化而动态变化的，所以，可以用改变通入真空腔中的甲烷流量来改变薄膜组成成分。相对较低的甲烷流量下，金属 Cr 靶的“靶中毒”较弱，Cr 靶表面被氩离子严重刻蚀，大量金属 Cr 原子从金属 Cr 靶材表面溅射出与 a-C：H 薄膜共沉积，导致 Cr/a-C：H 复合薄膜中金属 Cr 含量较多；随着甲烷流量的增大，靶的表面“靶中毒”逐渐加重，金属 Cr 靶表面逐渐被越来越多的碳质薄膜覆盖，金属 Cr 靶表面被氩离子刻蚀的面积逐渐减小，导致薄膜中金属 Cr 含量呈下降趋势，碳含量呈上升趋势。XRD 结果表明，在 Cr/a-C：H 复合薄膜中有 Cr_3C_2 碳化物晶体颗粒的形成，从而构筑了 Cr/a-C：H 复合薄膜结构。XRD 峰位强度的变化表明，Cr_3C_2 碳化物晶体颗粒含量随着甲烷流量的增加而逐渐减少。Cr/a-C：H 复合薄膜中没有碳和金刚石的 XRD 衍射峰的出现表明，Cr/a-C：H 复合薄膜基质为非晶态形。一般地，对于 DLC 薄膜中 sp^3 杂化键含量能用薄膜拉曼光谱中的 I_D/I_G 值和 G 峰位置进行定性分析，薄膜拉曼光谱中的 I_D/I_G 值和 G 峰位置越低，则表示薄膜中 sp^3 杂化键含量越高。随着薄膜制备过程中甲烷流量的逐渐降低，Cr/a-C：H 复合薄膜中 sp^3 杂化键的含量呈减小趋势，sp^3 杂化键含量的变化趋势表明金属 Cr 的掺杂能促使薄膜中的碳原子之间的 sp^3 杂化键向 sp^2 杂化键转变，即金属 Cr 的掺杂能加快 DLC 薄膜的石墨化进程。Cr/a-C：H 复合薄膜的纳米硬度随着薄膜制备过程中通入的甲烷流量的降低呈现出降低的趋势。通常，DLC 薄膜的纳米硬度主要受薄膜碳矩阵中 sp^3 杂化键含量的影响，薄膜碳矩阵中 sp^3 杂化键含量越高、薄膜的硬度越大，而随着薄膜制备过程中甲烷流量的降低，Cr/a-C：H 复合薄膜石墨化程度加重，薄膜纳米硬度降低。结合力测试结果表明，当甲烷流量为 20sccm 的条件下，所沉积的 Cr/a-C：H 复合薄膜具有最佳的结合力性能，薄膜具有最少的脆性裂纹与局部剥落。甲烷流量较高时所沉积的 Cr/a-C：H 复合薄膜由于极少的金属 Cr 元素掺杂，与纯 DLC 薄膜的性能类似，薄膜中具有较高的内应力，薄膜结合性能较差；然而在甲烷流量较低时所制备的 Cr/a-C：H 复合薄膜结合力也较差，主要由于 Cr/a-C：H 复合薄膜中金属铬的碳化物纳米晶粒的存在，打断了非晶态碳基质的连续性，薄膜脆性增大，同时金属铬的碳化物中 Cr—C 键的键长比碳基质中 C—C 的键长要长，将引起薄膜内应力的升高，这都将起到降低薄膜与基底结合力的作用；适量的金属 Cr 掺杂，适量分散在碳基质中的 Cr_3C_2 碳化物晶体颗粒起到核心作用，在弹性能不严重增大的情况下出现原子键角的扭曲，薄膜的内应力能够通过原子键角的扭曲而得到释放，并且能够增加薄膜的弹性，释放薄膜的内应力将会使薄膜与基底材料之间的结合力得到加强。因此，甲烷流量为 20sccm 时，所制备的 Cr/a-C：H 复合薄膜具有较高的硬度和结合力，拥有最佳的综合力学性能。

Cr/a-C：H 复合薄膜的摩擦磨损行为与薄膜的微结构和力学性能密切相关。大气环境下，甲烷流量为 20sccm 时沉积的 Cr/a-C：H 复合薄膜样品具有相对稳定的摩擦系数曲线和光滑的磨痕，而在甲烷流量较高或较低的情况下沉积的 Cr/a-C：H 复合薄膜的摩擦曲线则表现出小幅波动，同时相应薄膜样品磨损率较高，呈现出较为严重的磨损。大气环境下，甲烷流量较低时所沉积的 Cr/a-C：H 复合薄膜呈现出较差的摩擦磨损行为，主要归因甲烷流量较低的情况下所沉积的 Cr/a-C：H 复合薄膜中有过多的 Cr_3C_2 碳化物晶体颗粒形成，薄膜表面晶体颗粒的形成增加表面粗糙度，同时降低 Cr/a-C：H 复合薄膜的纳米硬度和结合力，导致薄膜的摩擦磨损性能变差；过高的甲烷流量下制备的 Cr/a-C：H 复合薄膜中极少的金属 Cr 掺杂，无法有效释放 DLC 薄膜中的高内应力，薄膜中高的内应力使薄膜表现为较差的摩擦磨损性能；甲烷流量为 20sccm 的制备条件下，沉积的 Cr/a-C：H 复合薄膜由于具有良好的综合力学性能，大气环境下摩擦接触面由于局部温度升高形成低剪切强度的连续致密的石墨转移膜，薄膜具有最低的摩擦系数且摩擦系数曲线平稳，同时薄膜磨损率最小，此时制备的 Cr/a-C：H 复合薄膜具有最佳的摩擦磨损性能。对比在去离子水水润滑条件下 Cr/a-C：H 复合薄膜的摩擦磨损行为与大气环境下的测试结果发现，Cr/a-C：H 复合薄膜在去离子水水润滑条件测试得到的摩擦系数和磨损率比同一薄膜在大气环境下的测试结果明显要低。这主要因为在去离子水环境中去离子水能起到水润滑的效果；并且，去离子水环境下的摩擦磨损行为同时受到薄膜的致密度的影响，因此，随着甲烷流量的增加，由于所制备 Cr/a-C：H 复合薄膜的致密度逐渐增加，去离子水水润滑条件下 Cr/a-C：H 复合薄膜的摩擦磨损性能逐渐变好。综上所述，适量掺入金属 Cr 元素，能有效改善 DLC 薄膜的力学性能和摩擦学性能，拥有最佳 Cr 含量掺入的 Cr/a-C：H 复合薄膜，具有良好的综合力学性能，且在大气环境和水环境下均能得到较佳的摩擦学性能，Cr/a-C：H 复合薄膜有希望成为一种良好的工程应用材料。

采用磁控溅射系统通过改变通入真空腔中甲烷流量制备了不同性质的 Cr/a-C：H复合薄膜。结果显示：甲烷流量为 20sccm 的条件下所制备的 Cr/a-C：H 复合薄膜中掺杂有最佳的 Cr 元素含量，薄膜中金属 Cr 元素以 Cr_3C_2 碳化物晶体颗粒的形式存在，此时薄膜具有较高的硬度、良好的韧性和高的结合力，并在大气环境下能得到最低的摩擦系数，同时薄膜的磨损率也最低。在去离子水水润滑条件下 Cr/a-C：H 复合薄膜的摩擦系数和磨损率均比在大气环境下测试所得结果要低，因此，掺杂适量金属 Cr 元素的 Cr/a-C：H 复合薄膜具有良好的综合力学性能，同时在大气环境和水环境下都能够体现出优异的摩擦学性能，是一种很好的工程应用材料。

3.3 单金属复合非晶碳 Fe/a-C：H 耐磨薄膜

在过去的 20 年之中，相对于其他的固体润滑材料，由于非晶碳薄膜有很高的硬度、非常低的摩擦系数，同时具有高的化学稳定性，表现出耐磨损抗腐蚀的优良性能，作为一种固体防护薄膜在工业中引起了广泛的关注，特别是作为一种减摩抗磨的薄膜材料在具有相对运动的机械零部件上已取得广泛应用[38]。然而，非晶碳薄膜中高的本征内压应力的存在是限制其实际应用的主要原因。因为薄膜中高的内应力会导致类非晶碳薄膜的变形与基底材料的变形不匹配，导致非晶碳薄膜在沉积过程中或者在实际使用过程中从基底材料脱落失效。在非晶碳薄膜的非晶碳基矩阵中掺入金属元素，是一种用来降低薄膜的内应力增加薄膜和基底材料之间的结合力的行之有效的方法。目前，对于非晶碳薄膜的掺杂研究中使用最为普遍的掺杂元素主要是过渡金属元素。这些金属元素会以不同的形式存在于薄膜的非晶碳基矩阵中，研究表明主要有原子固溶、纯金属纳米晶和纳米晶碳化物三种形式，非晶碳薄膜中掺入适量的金属元素能显著影响薄膜的力学性能和摩擦学性能。根据文献报道，Fe-非晶碳薄膜可以通过多种沉积技术制备，比如磁控溅射沉积、脉冲激光沉积（PLD）、电化学沉积等[41~43]。一般来讲，通过磁控溅射法制备的金属掺杂的 DLC 薄膜通常与基底具有良好的结合力，同时具有较好的力学性能和摩擦学性能。由于对于 Fe-非晶碳薄膜的研究以往主要集中在对薄膜的场发射性能、电学性能和磁性能等功能特性的研究[44,45]。然而，对于 Fe-非晶碳薄膜的微结构、力学性能和摩擦学性能等方面的研究却少见报道。

直流反应磁控溅射法通过改变沉积过程中通入真空腔的甲烷流量成功沉积了系列 Fe/a-C：H 复合薄膜。系统研究了薄膜制备过程中甲烷流量对 Fe/a-C：H 复合薄膜的微观形貌、结构、力学性能和摩擦学性能的影响，特别研究了该薄膜在去离子水润滑条件下的摩擦磨损行为[30]。

3.3.1 Fe/a-C：H 薄膜的微结构

图 3.27 所示为不同甲烷流量下制备的系列 Fe/a-C：H 复合薄膜断面形貌。由图可知，Fe/a-C：H 复合薄膜与基底之间的纯 Fe 金属过渡层的断面结构呈现为典型的柱状晶结构。样品顶部的 Fe/a-C：H 复合薄膜的断面结构图显示，随着沉积过程中甲烷流量的增加，薄膜由疏松粗糙的结构逐渐向致密光滑的状态转变，而且发现通过机械折断之后的 Fe/a-C：H 复合薄膜与基底无任何剥落脱离。由薄膜的断面形貌分析计算可求得薄膜的沉积速率，结果显示，在甲烷流量为 12sccm 时，Fe/a-C：H 复合薄膜表现为最大的沉积速率，为 23.7nm/min，且随着甲烷流量的逐渐增加薄膜的沉积速率呈现出逐渐降低的趋势。

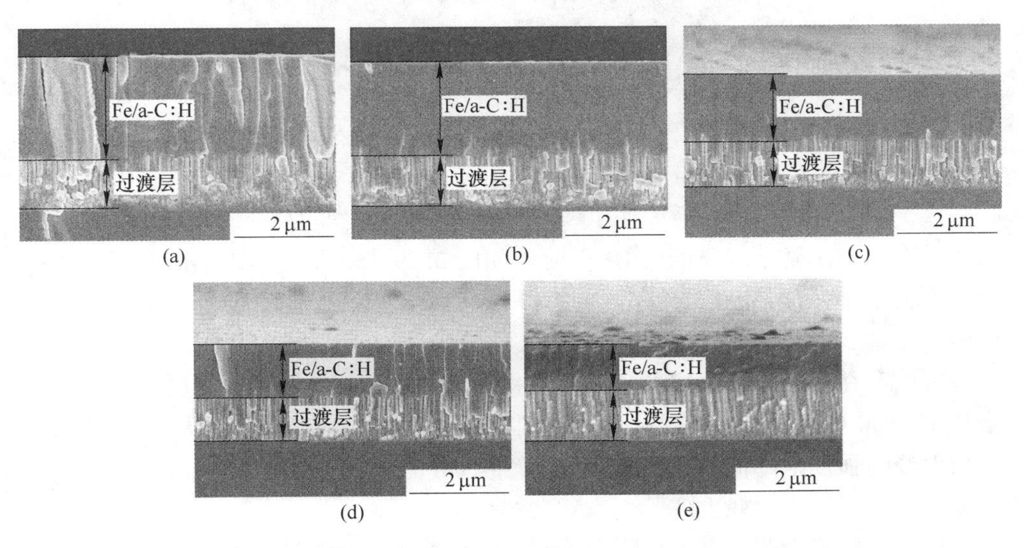

图 3.27 不同甲烷流量下沉积 Fe/a-C：H 复合薄膜断面形貌
（a）12sccm；（b）14sccm；（c）16sccm；（d）18sccm；（e）20sccm

图 3.28 给出了不同甲烷流量下制备的 Fe/a-C：H 复合薄膜的 AFM 三维表面轮廓照片。由图可见，Fe/a-C：H 复合薄膜表面呈现出较明显的微凸体特征。由原子力显微镜（AFM）的表征结果分析可得出不同甲烷流量下的 Fe/a-C：H 复合薄膜的表面均方根粗糙度。可以看出：用磁控溅射法制备的系列 Fe/a-C：H 复合薄膜都拥有较光滑的表面，具有较低的表面粗糙度值，随着制备过程中甲烷气体流量的增大，Fe/a-C：H 复合薄膜的表面粗糙度先呈现出减小的趋势；在甲烷

流量为 18sccm 时能沉积得到具有最低表面粗糙度的薄膜，表面粗糙度仅为 2.09nm；然后甲烷流量继续加大表面粗糙在甲烷流量为 20sccm 时反而增加。

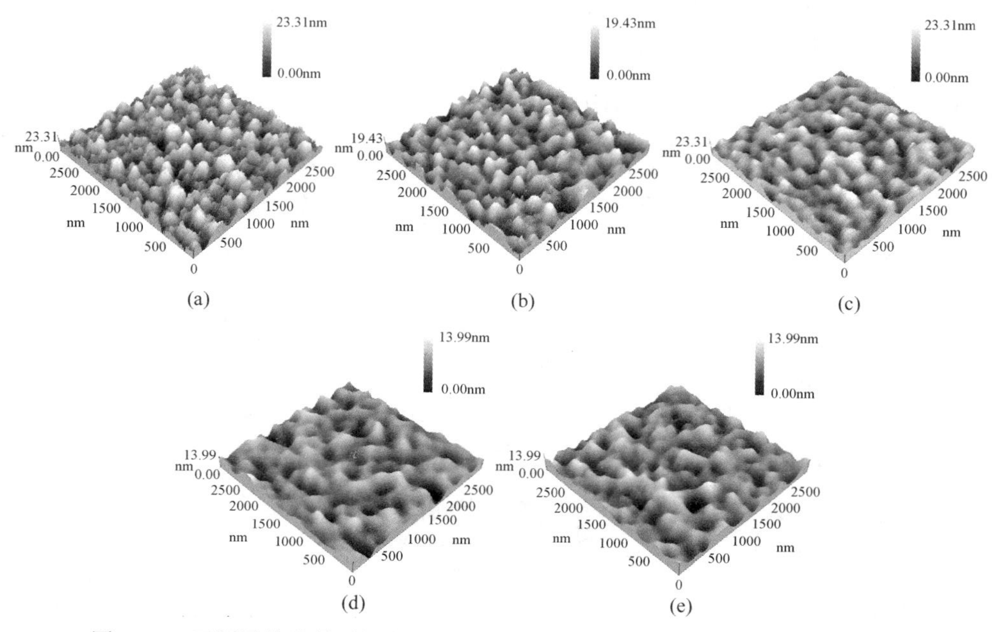

图 3.28　不同甲烷流量下沉积 Fe/a-C∶H 复合薄膜的 AFM 三维表面轮廓照片
（a）12sccm；（b）14sccm；（c）16sccm；（d）18sccm；（e）20sccm

Fe/a-C∶H 复合薄膜的 XRD 衍射谱如图 3.29 所示。与 ICDD-PDF 标准数据相比对，XRD 衍射角度 2θ 在 33.0°和 62.0°的时候分别对应于 Fe_3C 晶粒的（102）和（222）晶面，并且所有的 Fe_3C 的峰位由于 Fe/a-C∶H 复合薄膜中内压应力的存在而产生了小幅的偏离。如图 3.29 所示，在薄膜制备过程中甲烷流量从 12sccm 增加到 20sccm 的过程中，制备的 Fe/a-C∶H 复合薄膜中 Fe_3C 引起的衍射峰峰强逐渐降低，在甲烷流量为 20sccm 的条件下制备的 Fe/a-C∶H 复合薄膜中没有任何衍射峰出现。

非晶碳薄膜中非晶态碳矩阵中碳原子成键性质主要通过拉曼光谱来分析。一般的，可以用拉曼光谱中 D 峰和 G 峰的相对强度比（I_D/I_G）和 G 峰在谱中的位置来表征薄膜中形成的 sp^3 杂化键与 sp^2 杂化键的比率。拉曼光谱中 G 峰的下降和 I_D/I_G 值的降低代表着 sp^3 杂化键在薄膜中所占比例的增加。如图 3.30 所示，在 $800cm^{-1}$ 到 $2000cm^{-1}$ 拉曼光谱范围内所有 Fe/a-C∶H 复合薄膜的拉曼光谱曲线表现为一个带肩峰的不对称宽峰，随着薄膜制备过程中甲烷流量的增加对应薄膜的拉曼光谱的峰强呈现逐渐加强的趋势。对拉曼光谱进行两次高斯分解可以得到拉曼光谱的 G 峰位置和 I_D/I_G 值。Fe/a-C∶H 复合薄膜的拉曼光谱的 G 峰的位置和

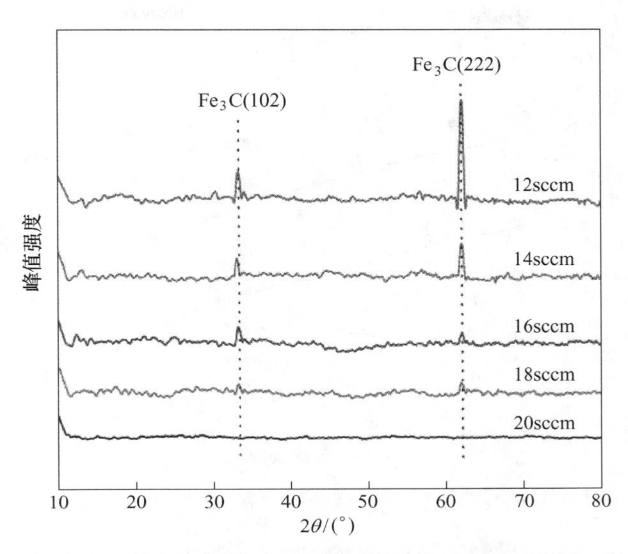

图 3.29 不同甲烷流量下沉积 Fe/a-C：H 复合薄膜的 XRD 图谱

I_D/I_G值随薄膜制备过程中甲烷流量变化的规律如图 3.31 所示。结果显示，随着甲烷流量从 12sccm 增加到 20sccm，拉曼光谱中 G 峰位置从 1538cm^{-1}小幅降低到 1535cm^{-1}，I_D/I_G值从 1.04 单调降低到 0.85。

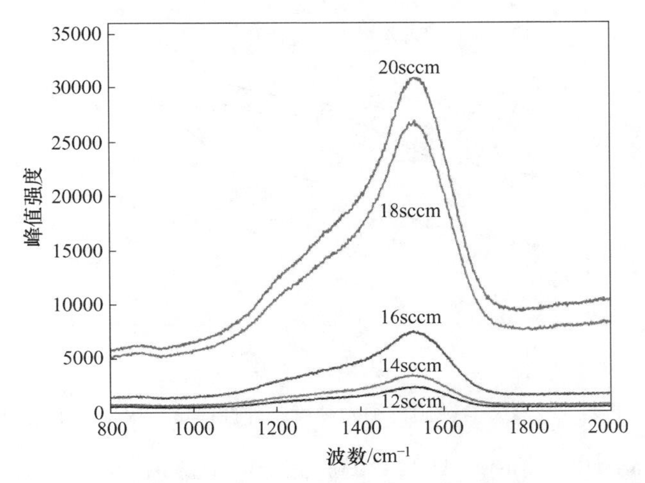

图 3.30 不同甲烷流量下沉积 Fe/a-C：H 复合薄膜的拉曼光谱图

3.3.2 Fe/a-C：H 薄膜的力学性能

图 3.32 所示为 Fe/a-C：H 复合薄膜的纳米硬度和弹性模量与甲烷流量之间的关系。从图 3.32 分析可知，随着甲烷流量从 12sccm 增加的 20sccm，Fe/a-C：

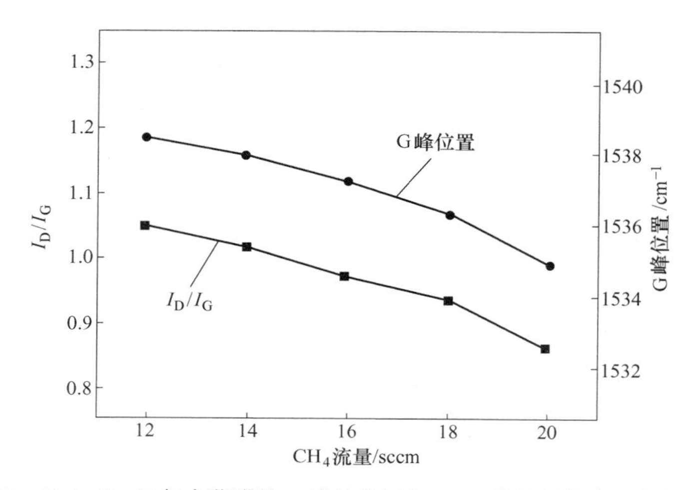

图 3.31　Fe/a-C：H 复合薄膜的 G 峰的位置和 I_D/I_G 值随甲烷流量变化的规律

H 复合薄膜的硬度和弹性模量单调增加，分别 10.6GPa 和 100.8GPa 增加到 17.4GPa 和 168.2GPa。

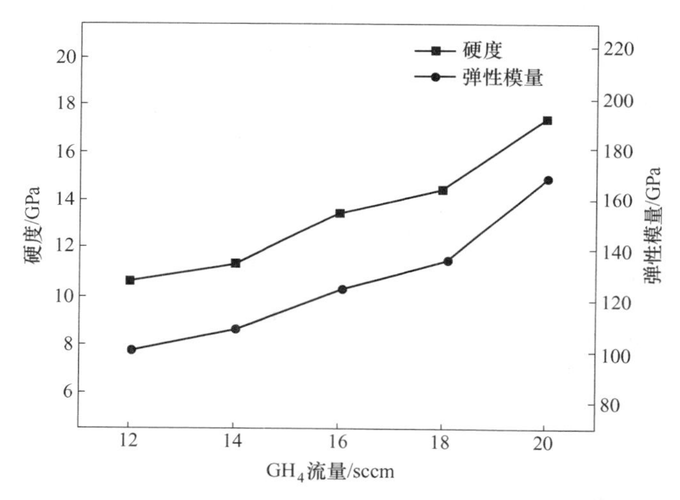

图 3.32　Fe/a-C：H 复合薄膜的纳米硬度和弹性模量与甲烷流量之间的关系

通过划痕仪测得 Fe/a-C：H 复合薄膜和 304 不锈钢基底间的结合力，由声发射曲线分析得到的临界的薄膜结合力（L_C）如下：30N（12sccm）、34N（14sccm）、36N（16sccm）、38N（18sccm）和 28N（20sccm）。在甲烷流量水平较低（12～18sccm）的情况下制备 Fe/a-C：H 复合薄膜，随着薄膜制备过程中甲烷流量的增加薄膜与基底材料之间的结合力逐渐增加，在甲烷流量为 18sccm 的条件下制备的 Fe/a-C：H 复合薄膜与基底材料之间拥有最佳结合力；但是在更高甲烷流量的条件下制备的 Fe/a-C：H 复合薄膜与基底材料之间的结合力不升反降。304 不锈钢基底上不同甲烷流量条件下制备的 Fe/a-C：H 复合薄膜的划痕形貌如图 3.33 所示。从划痕形貌图中可以看出，在甲烷流量为 12sccm 或 20sccm 流量条件下所制备的 Fe/a-C：H 复合薄膜划痕测试过后膜层有明显的碎裂和分层。当制备薄膜的甲烷流量变为 14sccm 和 16sccm 时，薄膜经过划痕结合力测试后的碎裂和分层现象相对减少。在甲烷流量为 18sccm 时制备的薄膜在所有 Fe/a-C：H 复合薄膜样品中产生的脆裂和分层脱落现象最少。

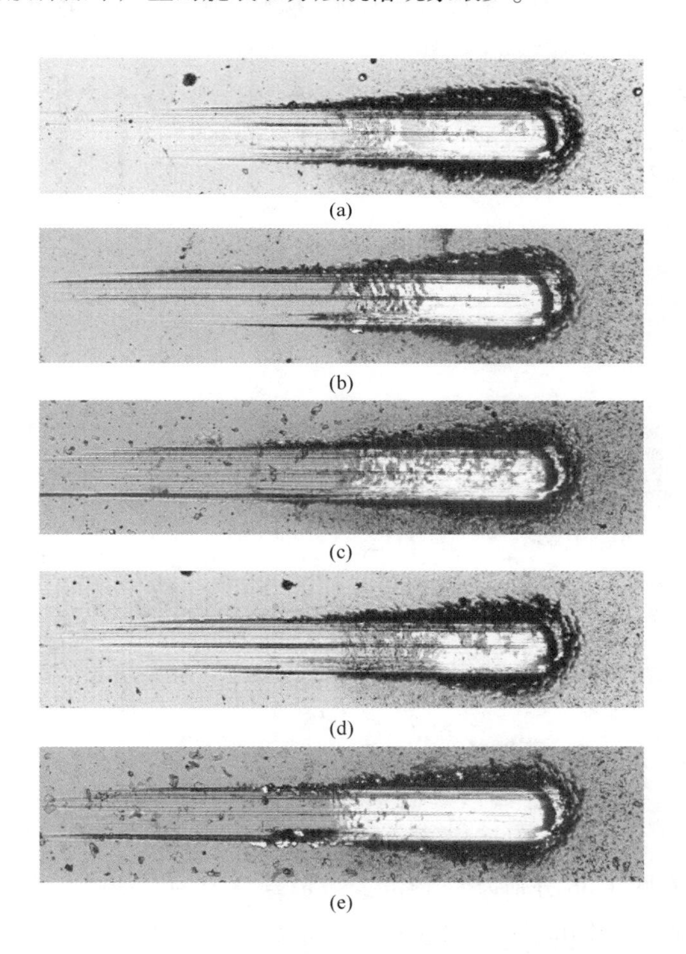

图 3.33 不同甲烷流量下沉积 Fe/a-C：H 复合薄膜的划痕形貌

(a) 12sccm；(b) 14sccm；(c) 16sccm；(d) 18sccm；(e) 20sccm

3.3.3 Fe/a-C：H 薄膜的摩擦磨损行为

图 3.34 所示为不同甲烷流量下制备的 Fe/a-C：H 复合薄膜在大气环境下所

测得的摩擦系数曲线。由图分析可以得出，薄膜在摩擦测试过程稳定后的平均摩擦系数如下：0.19（12sccm）、0.18（14sccm）、0.16（16sccm）、0.13（18sccm）和0.15（20sccm）。由数据可以得出，随着制备过程中甲烷流量的逐渐增加，大气环境下薄膜的摩擦测试过程稳定后所得的摩擦系数首先呈现出逐渐降低的趋势；在甲烷流量为18sccm时沉积的Fe/a-C：H复合薄膜具有最低的摩擦系数和相对稳定的摩擦系数曲线；但是如果甲烷流量继续增加，所制备薄膜的摩擦系数有上升的趋势，且摩擦曲线呈现出一定的波动较明显。分析得到薄膜相应的磨损率（$\times 10^{-7}$，$mm^3/(N \cdot m)$）如下：16.0（12sccm）、11.4（14sccm）、9.8（16sccm）、6.1（18sccm）和7.4（20sccm）。结果显示，随着甲烷流量的增加，薄膜的磨损率从$16.0\times10^{-7}mm^3/(N \cdot m)$降低到$6.1\times10^{-7}mm^3/(N \cdot m)$，然后小幅度增加到$7.4\times10^{-7}mm^3/(N \cdot m)$。

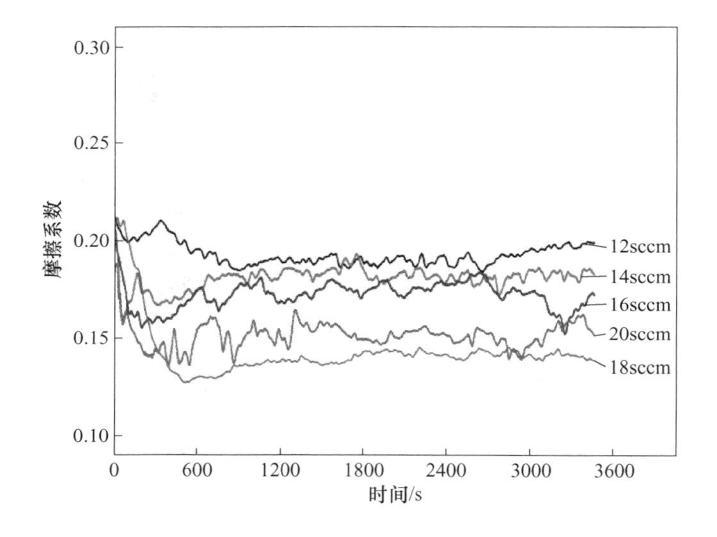

图3.34　不同甲烷流量下沉积Fe/a-C：H复合薄膜在大气环境下摩擦系数随摩擦时间变化的规律

图3.35和图3.36分别为大气环境下Fe/a-C：H复合薄膜摩擦磨损测试后薄膜样品表面的磨痕和相应对偶球上的磨斑形貌的SEM图。由图我们能够看出，甲烷流量为18sccm时所制备薄膜具有最小最光滑的磨痕形貌，相应对偶球上的磨斑的面积也最小，同时发现磨痕与磨斑周边仅有极少的磨屑生成，在对偶球磨斑表面上生成了均匀致密的石墨化转移膜层。其他甲烷流量下所制备的薄膜样品具有更宽更深的磨痕和磨斑形貌，同时在磨痕和磨斑周边有大量磨屑。

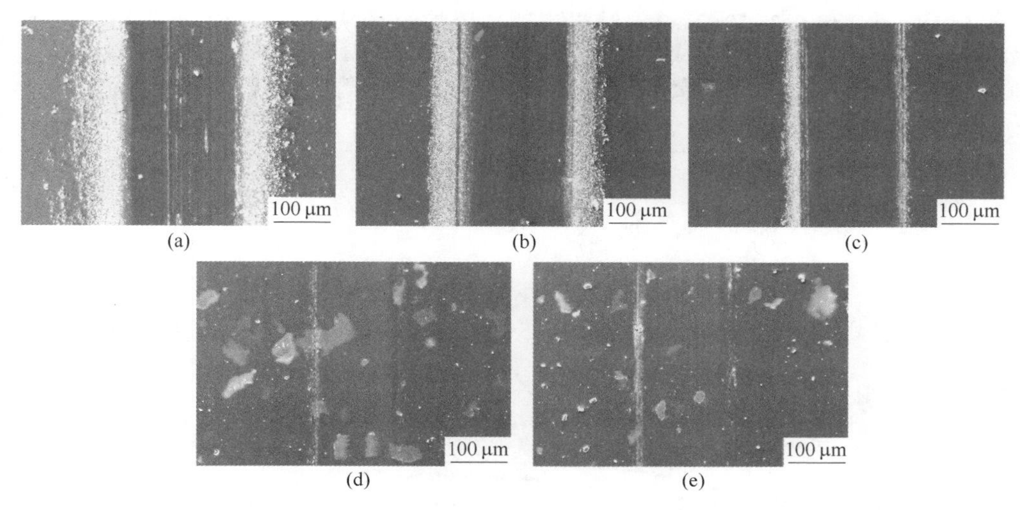

(a) (b) (c) (d) (e)

图 3.35 不同甲烷流量下制备的 Fe/a-C：H 复合薄膜大气环境下测试的磨痕轮廓形貌的 SEM 图
（a）12sccm；（b）14sccm；（c）16sccm；（d）18sccm；（e）20sccm

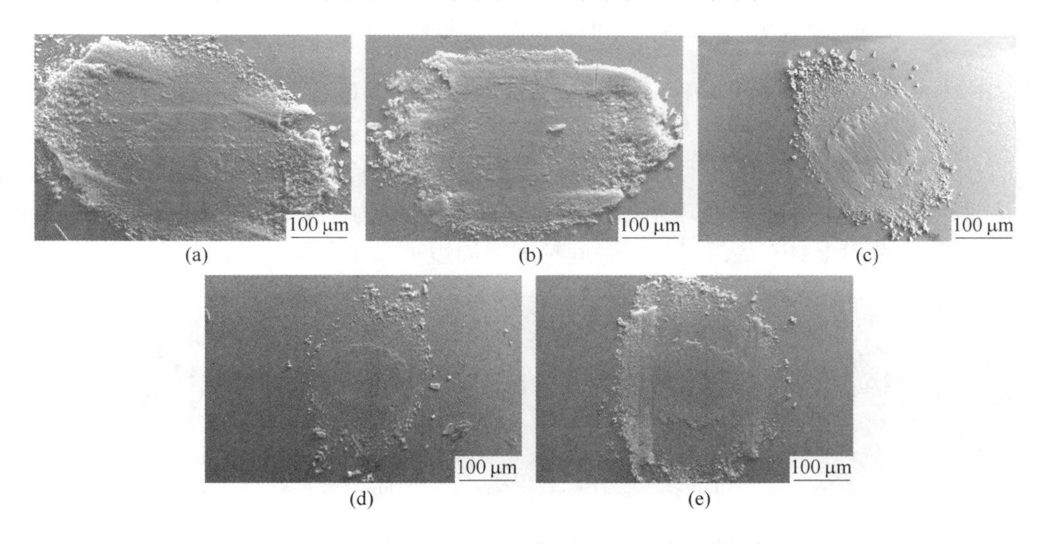

(a) (b) (c) (d) (e)

图 3.36 不同甲烷流量下制备的 Fe/a-C：H 复合薄膜大气环境下相应对偶球上的磨斑形貌
（a）12sccm；（b）14sccm；（c）16sccm；（d）18sccm；（e）20sccm

图 3.37 所示为不同甲烷流量下沉积的 Fe/a-C：H 复合薄膜在去离子水润滑条件下的摩擦系数随测试时间变化的曲线。由图分析可知，摩擦测试稳定后的摩擦系数分别为 0.14(12sccm)、0.10(14sccm)、0.09(16sccm)、0.07(18sccm) 和 0.08(20sccm)。同时，计算薄膜在去离子水润滑条件下测试所得的磨损率结果如下（$\times 10^{-7}$ $mm^3/(N \cdot m)$）如下：13.3(12sccm)、8.0(14sccm)、6.4(16sccm)、

5.5(18sccm)和6.3(20sccm)。结果表明：甲烷流量从12sccm增加到20sccm的变化过程中，在甲烷流量为18sccm时，所制备的薄膜的Fe/a-C：H复合薄膜的摩擦系数达到最小，同时薄膜具有最小的磨损率，表现出最佳的摩擦学性能。

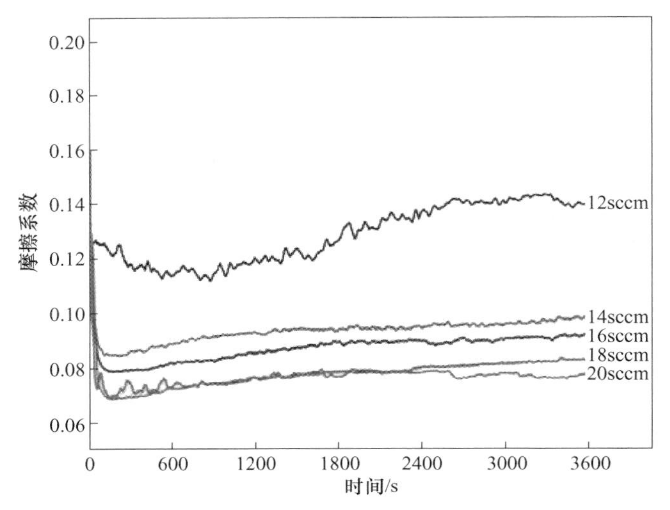

图3.37　不同甲烷流量下沉积Fe/a-C：H复合薄膜在去离子水环境下的摩擦系数随摩擦时间变化的规律

图3.38和图3.39所示分别为不同甲烷流量下制备的Fe/a-C：H复合薄膜的磨痕形貌和相应对偶球磨斑形貌。观察到甲烷流量为12sccm时所制备的Fe/a-C：H复合薄膜上具有最深最宽的磨痕轮廓，周边被大量颗粒状的磨屑覆盖；在甲

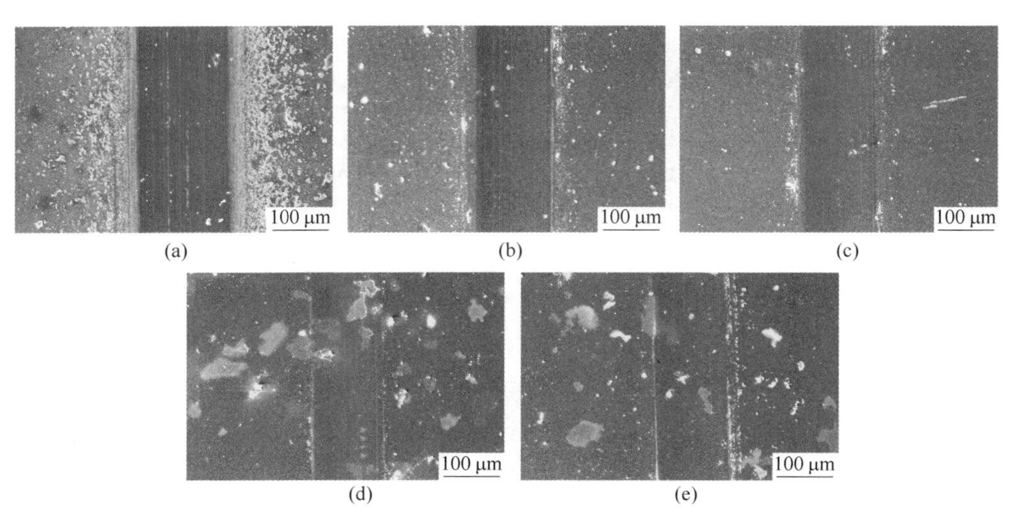

图3.38　不同甲烷流量下制备的Fe/a-C：H复合薄膜在去离子水环境中的磨痕形貌

(a) 12sccm；(b) 14sccm；(c) 16sccm；(d) 18sccm；(e) 20sccm

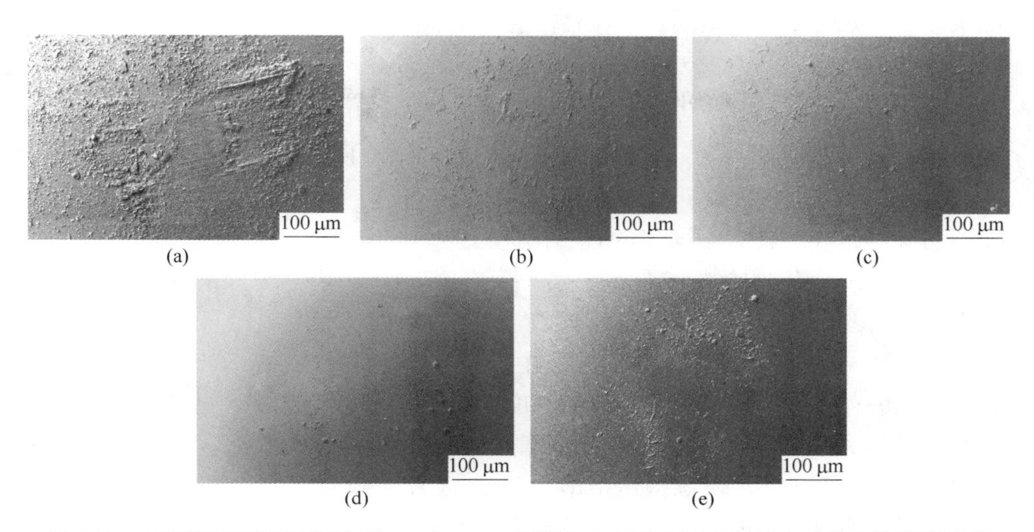

图 3.39 不同甲烷流量下制备的 Fe/a-C : H 薄膜在去离子水环境中相应对偶球的磨斑形貌
(a) 12sccm; (b) 14sccm; (c) 16sccm; (d) 18sccm; (e) 20sccm

烷流量从 12sccm 增加到 18sccm 的过程中，相应薄膜样品的磨痕和对偶球上磨斑形貌逐渐变小，周边覆盖的磨屑也越来越少，在甲烷流量为 18sccm 时，所制备样品具有最光滑和最浅的磨痕，同时对偶球上的磨斑也最小；继续增加甲烷流量，在甲烷流量为 20sccm 时，磨痕反而变宽变深，对偶球上磨斑变大，磨痕与磨斑周边有更多磨屑生成。

使用直流反应磁控溅射技术成功制备了系列 Fe/a-C : H 复合薄膜，通过对通入真空腔中甲烷的流量来制备系列 Fe/a-C : H 复合薄膜。反应气体甲烷的通入，薄膜沉积过程中靶材表面形成碳质薄膜，产生“靶中毒”，因此，甲烷流量的变化能够严重影响薄膜的结构和性质。当通入真空腔中的甲烷流量相对较低时，靶材表面被较少的碳质膜层覆盖，有较多的金属 Fe 原子从靶材表面溅射出来；随着甲烷流量的增加，靶材表面逐渐被越来越多的碳质膜层覆盖导致 Fe/a-C : H 复合薄膜中碳含量的增加 Fe 含量的相对减少。随着甲烷流量的增加 Fe/a-C : H 复合薄膜的沉积速率从逐渐降低到，意味着“靶中毒”能够降低薄膜的生长速率。XRD 分析结果显示，金属 Fe 以 Fe_3C 碳化物晶粒的形式存在薄膜中，薄膜所产生衍射峰的变化规律表明，随着薄膜制备过程中甲烷流量的增加，Fe/a-C : H 复合薄膜中形成的 Fe_3C 碳化物晶粒的数量减少，这个结果与 TiC/a-C : H 复合薄膜中 TiC 碳化物晶体颗粒的变化规律一致，非晶态碳矩阵基质能够抑制薄膜中掺杂金属碳化物晶粒的形成和生长。综合 XRD 的分析结果，Fe/a-C : H 复合薄膜结构认为是金属掺杂复合类金刚石碳膜。随着薄膜制备过程中甲烷流量的逐渐增加，Fe/a-C : H 复合薄膜拉曼光谱的强度呈现逐渐加强的趋势。这种现象可能归因于随着制备过程中甲烷流量的增加，金属 Fe 靶表面“靶中毒”逐渐加强，Fe/a-C：H 复合薄膜中掺杂的金属元素逐渐减少，单位质量内的碳百分比相对增加，导致薄膜中拉曼散射现象逐渐增强。随着制备过程中甲烷流量的减小，薄膜拉曼光谱 G 峰位的增强和 I_D/I_G 比率的增加表示 Fe/a-C：H 复合薄膜中 sp^2 杂化键含量的增加，即薄膜的石墨化。结果也表明随着甲烷流量的降低，金属 Fe 的掺杂能够加快 Fe/a-C：H 复合薄膜的石墨化进程。

通常，DLC 薄膜的纳米硬度主要薄膜碳矩阵中 sp^3 杂化键含量的影响，薄膜碳矩阵中 sp^3 杂化键含量越高薄膜的硬度越大。根据拉曼光谱分析结果可知，甲烷流量从 20sccm 降低至 12sccm，薄膜中 sp^3 含量逐渐减少，相应流量下沉积的薄膜石墨化的程度逐渐加强，薄膜纳米硬度呈现逐渐减小的趋势。同时，导致薄膜硬度降低的另一个重要原因是由于薄膜中生成的 Fe_3C 碳化物晶粒使非晶态碳基质的连续性受到破坏。文献报道指出，在 a-C：H 薄膜中掺入 Fe 元素能够在很大程度上释放掉薄膜中的内压应力，薄膜中的内压应力的释放也会导致薄膜硬度有所减小。薄膜制备过程中的甲烷流量的改变对薄膜的附着力有较明显的影响。研究结果表面，甲烷流量为 18sccm 时所沉积的 Fe/a-C：H 复合薄膜具有最佳的结合强度，同时划痕形貌表现出最少的脆性裂纹和局部脱落。在甲烷流量为 18sccm 时所制备的 Fe/a-C：H 复合薄膜具有相对较高的硬度和结合强度，表现出良好的综合力学性能。

一般的，薄膜的摩擦学性质能够用摩擦参数（包括摩擦系数，薄膜磨痕形貌，对偶球上的磨斑等）来表征。甲烷流量为 18sccm 时所制备的 Fe/a-C：H 复合薄膜其磨痕比较浅且磨痕的内部光滑，同时相应对偶球上磨斑的面积最小，而在较高和较低甲烷流量下制备的 Fe/a-C：H 复合薄膜具有相对更深和更宽的磨痕，对偶球上磨斑周边聚集有大量的磨屑，结果表明甲烷流量为 18sccm 时所制备薄膜具有最佳的摩擦学性能。实验结果中能清晰观察到所有氮化硅（Si_3N_4）对偶球上磨斑表面上均有转移膜生成，转移膜的致密度随着甲烷流量的增加而增加。在甲烷流量为 18sccm 的条件下所沉积的 Fe/a-C：H 复合薄膜具有最佳的摩擦学性能，主要归因于此时沉积的 Fe/a-C：H 复合薄膜与基底之间具有最佳的结合力，薄膜本身具有相对较高的硬度，同时在大气环境下 DLC 薄膜剪切变形生成了低剪切强度的石墨中间层。因为当甲烷流量较低时，薄膜的非晶态碳矩阵中有过多的 Fe_3C 碳化物晶体颗粒形成，导致薄膜的硬度附着力减低；同时薄膜中高含量 Fe 掺杂加快 Fe/a-C：H 复合薄膜的石墨化进程，薄膜纳米硬度会随着石墨化进程的加快而降低；Fe/a-C：H 复合薄膜中 Fe_3C 碳化物晶粒的存在，在转移膜的形成过程中打断其连续性，薄膜表现为波动的摩擦系数和摩擦副的高磨损率，表现出较差的摩擦学性能。高的甲烷流量时，由于严重的“靶中毒”导致薄膜中仅有较少的金属 Fe 原子的掺杂或薄膜中几乎没有 Fe 元素的掺入，Fe/a-

C：H复合薄膜中高的内应力无法得到释放，薄膜高内应力的存在将会严重削弱薄膜与基底材料之间的结合强度，薄膜摩擦磨损性能较差。去离子水环境中摩擦磨损过程中转移膜的生成和性能与大气环境下有明显的区别。实验结果发现，在去离子水环境下生成软的转移物质的数量相比与大气环境下生成的更少，意味着Fe/a-C：H 复合薄膜在去离子水环境下软的转移膜更难生成。但是 Fe/a-C：H 复合薄膜在去离子水润滑条件下进行摩擦磨损测试，水能起到流体动力润滑作用，因此同一薄膜在去离子水环境下表现出更低的摩擦系数，同时磨损率也更低。基于上述讨论，通过控制沉积过程中工艺参数，掺入适宜 Fe 含量的 Fe/a-C：H 复合薄膜具有良好的综合力学性能，同时在大气环境和水环境下具有优异的摩擦学性能，Fe/a-C：H 复合薄膜作为一种防护薄膜在工程和工业中具有潜在的应用。

通过磁控溅射技术改变制备过程中通入真空腔的甲烷流量成功制备了系列 Fe/a-C：H 复合薄膜，系统研究了不同甲烷流量下制备的 Fe/a-C：H 复合薄膜的微结构和性能。所制备的 Fe/a-C：H 复合薄膜具有典型的碳化物金属掺杂的类金刚石碳膜结构，在甲烷流量为 18sccm 的制备条件下所制备的 Fe/a-C：H 复合薄膜的非晶态碳基质矩阵中适宜的 Fe_3C 碳化物晶粒掺杂能够有效改善 Fe/a-C：H 薄膜的纳米硬度和薄膜与基底之间的结合力。且在甲烷流量为 18sccm 时制备的 Fe/a-C：H 复合薄膜在大气环境和去离子水水润滑条件下均具有最低的摩擦系数和最佳的抗磨损性能，并且在去离子水润滑的条件下薄膜表现出的摩擦系数和磨损率比大气环境下的相对要低。所制备的 Fe/a-C：H 复合薄膜具有良好的综合机械性和在大气环境和去离子水环境下优异的摩擦学性能使得 Fe/a-C：H 复合薄膜作为防护薄膜在工程和工业上具有应用前景。

参考文献

[1] 郭延龙，孙有文，王淑云，等. 金属掺杂类金刚石膜的研究进展 [J]. 纳米科技，2008，5：13~16.

[2] Lin Y H, Lin H D, Liu C K, et al. Structure and characterization of the multilayered Ti-DLC films by FCVA [J]. Diamond Related Material, 2010, 19: 1034~1039.

[3] Pei Y T, Bui X L, Zhou X B, et al. Tribological behavior of W-DLC coated rubber seals [J]. Surface and Coatings Technology, 2008, 202: 1869~1875.

[4] Jelinek M, Kocourek T, Zemek J, et al. Chromium-doped DLC for implants prepared by laser magnetron deposition [J]. Materials Science & Engineering C, 2015, 46: 381~386.

[5] Chan Y H, Huang C F, Ou K L, et al. Mechanical properties and antibacterial activity of copper doped diamond-like carbon films [J]. Surface and Coatings Technology, 2011, 206 (6): 1037~1040.

[6] Liu Long, Zhou S G, Liu Z B, et al. Effect of chromium on structure and tribological properties of hydrogenated Cr/a-C : H films prepared via a reactive magnetron sputtering system [J]. Chinese Physics Letters, 2016, 33 (2): 026801-5.

[7] Pei Y T, Galvan D, Hosson J T M D. Nanostructure and properties of TiC/a-C : H composite coatings [J]. Acta Materialia, 2005, 53: 4505~4521.

[8] Czyzniewski A. Deposition and some properties of nanocrystalline WC and nanocomposite WC/a-C : H coatings [J]. Thin Solid Films, 2003, 433: 180~185.

[9] 侯惠君, 李洪武, 林松盛, 等. 钛合金表面掺金属 DLC 薄膜的摩擦磨损性能研究 [J]. 广东有色金属学报, 2006, 16 (3): 184~187.

[10] 林松盛, 代明江, 侯惠君, 等. 钛合金表面掺金属 DLC 薄膜的摩擦磨损性能研究 [J]. 摩擦学学报, 2007, 27 (4): 382~386.

[11] 孙丽丽, 代伟, 张栋, 等. Cr 掺杂及 Cr 过渡层对 DLC 薄膜附着力的影响 [J]. 中国表面工程, 2010, 23 (4): 26~34.

[12] 牛孝昊, 罗庆洪, 杨会生, 等. 含钨 DLC 薄膜的制备与性能研究 [J]. 真空, 2007, 44 (4): 36~39.

[13] Wang Q, Zhou F, Zhou Z, et al. Influence of Ti content on the structure and tribological properties of Ti-DLC coatings in water lubrication [J]. Diamond and Related Materials, 2012, 25: 163~175.

[14] Dai W, Zheng H, Wu G, et al. Effect of bias voltage on growth property of Cr-DLC film prepared by linear ion beam deposition technique [J]. Vacuum, 2010, 85: 231~235.

[15] Gilmore R, Hauert R. Control of the tribological moisture sensitivity of diamond-like carbon films by alloying with F, Ti or Si [J]. Thin Solid Films, 2001, 399: 199~204.

[16] Pauleau Y, Thuery E, Uglov V, et al. Tribological properties of copper/carbon films formed by microwave plasma-assisted deposition techniques [J]. Surface and coatings technology, 2004, 180: 102~107.

[17] Menegazzo N, Jin C, Narayan R J. Compositional and electrochemical characterization of noble metal-diamond like carbon nanocomposite thin films [J]. Langmuir, 2007, 23 (12): 6812~6818.

[18] Zhou S G, Ma L Q, Wang L P, et al. Tribo-pair dependence of friction and wear moisture sensitivity for a-C: Si: Al carbon-based coating [J]. Journal of Non-Crystalline Solids, 2012, 358: 3012~3018.

[19] 佘博西, 李书昌, 谷坤明, 等. ECR 结合中频磁控溅射制备掺 Cu-DLC 膜工艺及性能研究 [J]. 润滑与密封, 2012, 37 (4): 57~61.

[20] Zhou S G, Chen H, Ma L Q. Novel carbon-based nc-MoC/a-C (Al) nanocomposite coating towards low internal stress and low-friction [J]. Surface and Coatings Technology, 2014, 242: 177~182.

[21] Bewilogua K, Hofmann D. History of diamond-like carbon films-from first experiments to worldwide applications [J]. Surface and Coatings Technology, 2014, 242: 214~225.

[22] Banerjee D, Chattopadhyay K K. Enhanced field emission properties of PECVD synthesized

chlorine doped diamond like carbon thin films [J]. Surface and Coatings Technology, 2014, 253: 1-7 .

[23] Balaceanu M, Braic V, Braic M. Characteristics of Ti-Nb, Ti-Zr and Ti-Al containing hydrogenated carbon nitride films [J]. Solid State Sciences, 2009, 11 (10): 1773~1777.

[24] Zhou S G, Wang L P, Xue Q J. Testing atmosphere effect on friction and wear behaviors of duplex TiC/a-C (Al) nanocomposite carbon-based coating [J]. Tribology Letters, 2012, 47: 435~446.

[25] Banerji A, Bhowmick S, Alpas A T. High temperature tribological behavior of W containing diamond-like carbon (DLC) coating against titanium alloys [J]. Surface and Coatings Technology, 2014, 241: 93~104.

[26] Bewilogua K, Cooper C V, Specht C, et al. Effect of target material on deposition and properties of metal-containing DLC (Me-DLC) coatings [J]. Surface and Coatings Technology, 2000, 127 (2): 223~231.

[27] Corbella C, Oncins G, Gómez M A, et al. Structure of diamond-like carbon films containing transition metals deposited by reactive magnetron sputtering [J]. Diamond and related materials, 2005, 14 (3): 1103~1107.

[28] Gulbiński W, Mathur S, Shen H, et al. Evaluation of phase, composition, microstructure and properties in TiC/a-C : H thin films deposited by magnetron sputtering [J]. Applied Surface Science, 2005, 239 (3): 302~310.

[29] Tsai P C, Hwang Y F, Chiang J Y, et al. The effects of deposition parameters on the structure and properties of titanium-containing DLC films synthesized by cathodic arc plasma evaporation [J]. Surface and Coatings Technology, 2008, 202 (22): 5350~5355 .

[30] 刘龙. 金属掺杂构筑复合类金刚石碳膜及其摩擦学性能 [D]. 赣州: 江西理工大学, 2016.

[31] Pei Y T, Galvan D, Hosson J T M D, et al. Advanced TiC/a-C : H nanocomposite coatings deposited by magnetron sputtering [J]. Journal of the European Ceramic Society, 2006, 26 (4): 565~570.

[32] Pauschitz A, Kvasnica S, Jisa R, et al. Tribological behaviour of Ti containing nanocomposite DLC films under milli-Newton load range [J]. Diamond and Related Materials, 2008, 17 (12): 2010~2018.

[33] Lin J, Moore J J, Mishra B, et al. Syntheses and characterization of TiC/a-C composite coatings using pulsed closed field unbalanced magnetron sputtering (P-CFUBMS) [J]. Thin Solid Films, 2008, 517 (3): 1131~1135.

[34] Meng W J, Curtis T J, Rehn L E, et al. Plasma-assisted deposition and characterization of Ti-containing diamondlike carbon coatings [J]. Journal of applied physics, 1998, 83 (11): 6076~6081.

[35] Wang Y, Wang L, Xue Q. Influence of Ti target current on microstructure and properties of Ti-doped graphite-like carbon films [J]. Transactions of Nonferrous Metals Society of China,

2012, 22 (6): 1372~1380 .

[36] Ferrari A C, Robertson J. Raman spectroscopy of amorphous, nanostructured, diamond-like carbon, and nanodiamond [J]. Physical and Engineering Sciences, 2004, 362 (1824): 2477~2512.

[37] Dai W, Ke P, Moon M W, et al. Investigation of the microstructure, mechanical properties and tribological behaviors of Ti-containing diamond-like carbon films fabricated by a hybrid ion beam method [J]. Thin Solid Films, 2012, 520 (19): 6057~6063.

[38] 薛群基, 王立平. DLC 碳基薄膜材料 [M]. 北京: 科学出版社, 2012.

[39] Zhang C Z, Tang Y, Li Y S, et al. Adhesion enhancement of diamond-like carbon thin films on Ti alloys by incorporation of nanodiamond particles [J]. Thin Solid Films, 2013, 528: 111~115.

[40] Singh V, Jiang J C, Meletis E I. Cr-diamondlike carbon nanocomposite films: synthesis, characterization and properties [J]. Thin Solid Films, 2005, 489 (1): 150~158.

[41] Ma L, Liu Z W, Zeng D C, et al. Structure and magneto-electrical properties of Fe-C films prepared by magnetron sputtering [J]. Science China Physics, Mechanics and Astronomy, 2012, 55 (9): 1594~1598.

[42] Tian P, Zhang X, Xue Q Z. Enhanced room-temperature positive magnetoresistance of a-C: Fe film [J]. Carbon, 2007, 45 (9): 1764~1768.

[43] Wan S H, Wang L P, Xue Q J. An electrochemical strategy to incorporate iron into diamond like carbon films with magnetic properties [J]. Electrochemistry Communications, 2009, 11 (1): 99~102.

[44] Ling X M, Zhang P Z, Li R S, et al. Electron field emission of iron and cobalt-doped DLC films fabricated by electrochemical deposition [J]. Surface and Interface Analysis, 2013, 45 (5): 943~948.

[45] Li S Y, Wu W D, Wang F, et al. Effects of Fe-embedding on microstructure and electrical properties of diamond like carbon films [J]. High Power Laser Part Beams, 2008, 20: 2027~2031.

4 气相法稀土改性纳米复合非晶碳耐磨薄膜

稀土元素被称作为“工业的味精”对材料的研究有重要作用。稀土元素因为性质活泼，自然界中不以单质的形式存在，而人工制备的稀土单质极易被氧化，形成稀土氧化物，因此有关稀土单质的应用十分罕见。由于真空设备中不可避免地残留氧气，因此，即使采用真空镀膜技术，稀土元素也会被氧化而以稀土氧化物的形式存在。二氧化铈（CeO_2）因具有独特的理化性质在抛光粉、催化剂等领域用途十分广泛。作为抛光粉的有效组成成分，CeO_2 能表现出较高的硬度，而 CeO_2 因其可变价性得以在催化剂领域备受青睐[1,2]。

为了探寻稀土元素 Ce 掺杂对 DLC 薄膜性能的影响，近年来，科研人员进行了相关的尝试。Zhenyu Zhang 等人[3]采用稀土元素的氧化物 CeO_2 掺杂制备非氢 DLC 薄膜，调制 CeO_2 的掺入量，得到随着 CeO_2 含量的上升，薄膜中 sp^3杂化键的相对含量先降低后升高再接着降低，在 CeO_2 含量为 6.0%时，薄膜中 I_D/I_G约为 0.9。报道指出当 CeO_2 的掺杂量低于 8.0%时，CeO_2 以非晶态的形式分布在非晶碳中，有效地降低薄膜的内应力，且能表现较低的摩擦系数，最低为 0.09[4]。Zhenyu Zhang 等人还采用两种稀土元素氧化物（La_2O_3 与 CeO_2）掺杂制备 DLC 薄膜，制得的系列薄膜中 I_D/I_G最低约为 0.65，能表现极高的硬度[5]。然而有关稀土元素掺杂制备 DLC 薄膜的报道均重点关注了其光学性能，对其力学性能与摩擦学性能的研究暂时空缺。

DLC 薄膜因其独特的性能，如低摩擦特性、低磨损、高硬度和高弹性模量以及化学惰性等特点，作为一种新型功能的材料在固态器件和自润滑领域的重要应用引起了广泛的关注[6~9]。DLC 薄膜膜基结合力差、内应力高严重制约了其应用，掺杂金属元素如 Cr、Ti 制备 Me-DLC 薄膜能有效降低薄膜内应力[10,11]。金属元素掺入后形成的纳米晶均匀分布在 Me-DLC 薄膜中，这种特殊的微结构特征通常会引起 sp^3 键的键角变形，导致硬度和弹性模量降低，并且改善内应力和结合强度[10,11]。此外，稀土元素作为战略资源在材料改性上有重要应用。稀土元素极易被氧化形成稀土氧化物，而 CeO_2 作为一种廉价的轻稀土氧化物应用领域十分广泛。科研工作者为了进一步改善 DLC 薄膜的力学性能与摩擦学性能，尝试采用稀土元素 Ce 掺杂制备 Ce-DLC 薄膜。报道指出微量稀土元素 Ce 掺杂制备 DLC 薄膜能表现出良好的摩擦学性能，稀土元素 Ce 掺杂到 DLC 薄膜中，当 Ce 含量低于 8.0%时，稀土元素 Ce 将以非晶态的稀土氧化物均匀分布在非晶碳结构中[12,13]。因此，稀土元素 Ce 协同金属元素掺杂制备（Me，Ce)/a-C：H 有望对促进薄膜的性能提升。虽然已有报道讨论了 Me-DLC 薄膜或稀土元素改性的 DLC 膜的结构和力学性能，但稀有元素 Ce 协同金属 Ti、Cr 以制备二元掺杂的纳米复合非晶碳薄膜暂无报道。同时，稀土元素 Ce 掺杂制备非晶碳薄膜并修饰金属表面以提升其摩擦学性能也没有较系统的报道。

在本章中，采用磁控溅射设备通过调整工艺，在衬底材料上分别使用高纯 Ti 靶、Cr 靶、Ti/Ce、Cr/Ce、Cu/Ce 复合靶等制备（Ti，Ce)/a-C：H 薄膜、(Cr，Ce)/a-C：H 薄膜以及（Cu，Ce)/Ti-DLC 薄膜，并系统地研究其微结构、力学性能以及其摩擦磨损行为[14,15]。

4.1 稀土改性纳米复合非晶碳（Ti，Ce)/a-C：H 耐磨薄膜

4.1.1 稀土改性（Ti，Ce)/a-C：H 薄膜的微结构

采用 XPS 对碳基薄膜的化学组成进行表征得到其中 C、Ti 和 Ce 组分的原子百分含量，分别为 C：93.47%、Ti：0.96%、Ce：0.28%。图 4.1 所示为制备的（Ti，Ce)/a-C：H 薄膜的 XPS Ce 3d 谱与 C 1s 谱。从 XPS Ce 3d 谱上可以看出，在结合能为 904.4eV 与 885.9eV 处出现了 S 峰（satellite lines)，同时对 S 峰拟合结果显示在 882eV 与 900.3eV 分别对应 Ce $3d_{5/2}$与 Ce $3d_{3/2}$，且两峰结合能间距约为 18.3eV，这些特性均与 CeO_2 的结合能相对应，表明稀土 Ce 元素在（Ti，Ce)/a-C：H 薄膜中以 CeO_2 的形式存在。图 4-1（b）显示为（Ti，Ce)/a-C：H 碳基薄膜的 XPS C 1s 谱，C 1s 谱能拟合成三种组成 sp^2-C、sp^3-C 与 C—O/C ═O 的 Gaussian 峰，与之相对应的结合能分别为 284.5eV、285.4eV 与 286.9eV。此外，在 XPS 测试中对精细谱除去背底后的峰位积分强度可用来计算被测试材料中

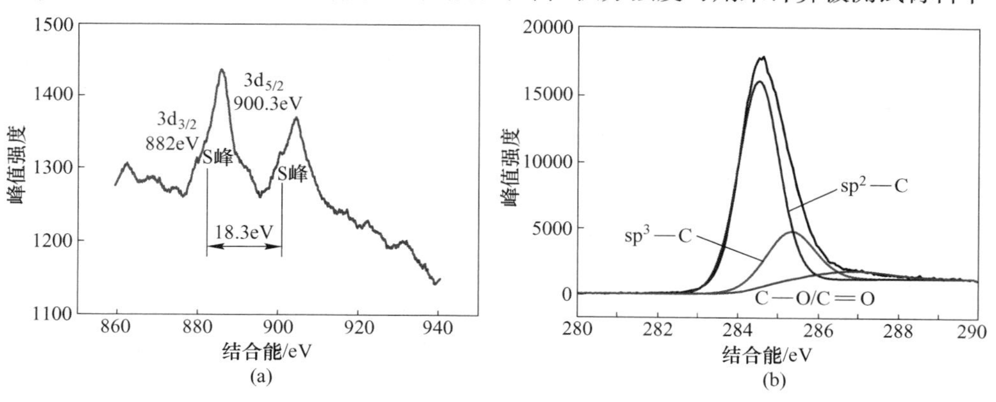

图 4.1 （Ti，Ce)/a-C：H 薄膜的 XPS 图谱

(a) Ce 3d 谱；(b) C 1s 谱

的相应元素的含量，因而 sp^2-C 与 sp^3-C 的峰位积分强度能被用来表征 sp^3-C 的相对含量，计算 sp^3/（sp^2+sp^3）值为 0.25，表明（Ti，Ce）/a-C：H 薄膜有较高的 sp^3-C 含量。

图 4.2 所示为（Ti，Ce）/a-C：H 薄膜的 800～2000cm^{-1}的拉曼光谱，对其采用计算机拟合得到分别位于 1560cm^{-1}与 1350cm^{-1}附近的两个峰分，别对应 G 峰与 D 峰，其中 G 峰具体位于 1545cm^{-1}，计算 I_D/I_G 值为 0.87，相比于无稀土 Ti/a-C：H 薄膜的 I_D/I_G 值更低（约 0.9），表明稀土元素 Ce 的引入促进了 sp^3-C 的形成，提升了其相对含量。

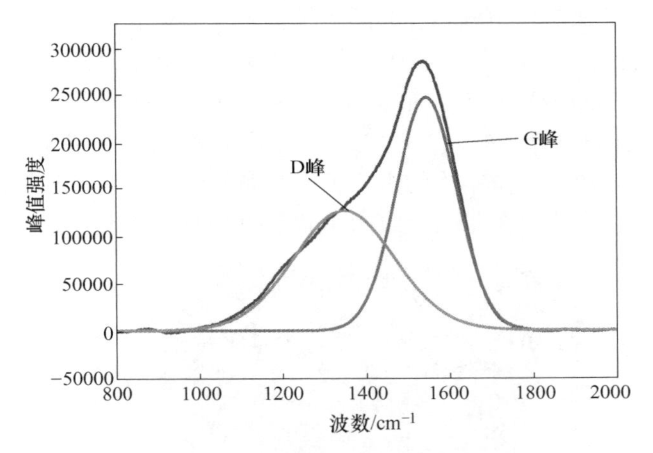

图 4.2 （Ti，Ce）/a-C：H 薄膜的拉曼光谱

图 4.3 所示为所制备的（Ti，Ce）/a-C：H 薄膜的 XRD 衍射图谱。从图中可以看出，除了 70°附近的 Si 峰外，仅于 36°与 41°附近出现了衍射特征峰，分别对

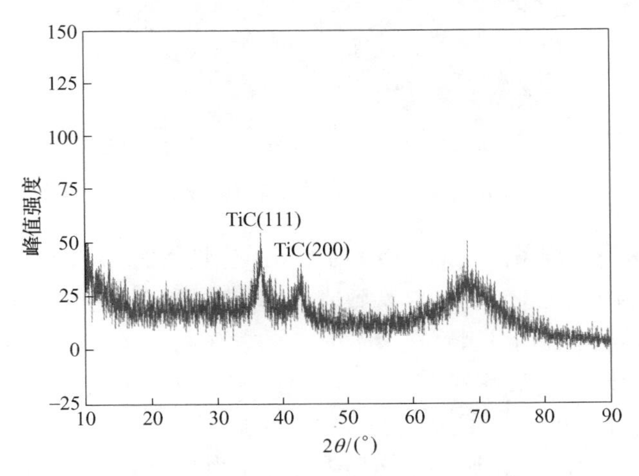

图 4.3 （Ti，Ce）/a-C：H 薄膜的 XRD 衍射图谱

应于 TiC 的（1 1 1）与（2 0 0）晶面，无任何 Ce 元素的相关信息，其中（1 1 1）晶面的衍射峰强度更高，表明（1 1 1）晶面为 TiC 晶粒的择优生长取向，稀土元素 Ce 掺杂导致了 TiC 晶粒择优生长取向的弱化。结合前面的 XPS 分析可知，稀土元素 Ce 以非晶态 CeO_2 均匀分布在（Ti，Ce)/a-C：H 薄膜中。XRD 衍射特征峰的半峰宽与晶面所对应的晶粒尺寸有重要关联。依 Debye-Scherrer 公式计算所制备的（Ti，Ce)/a-C：H 薄膜中 TiC 晶粒的平均晶粒尺寸约为 8nm。

进一步采用 HRTEM 对所制备的（Ti，Ce)/a-C：H 薄膜进行表征，如图 4.4 所示。从照片中可以看出，所制备的（Ti，Ce)/a-C：H 薄膜为典型的非晶纳米晶的复合结构，纳米晶均匀分布在非晶碳结构中，可以看出 TiC 晶粒的平均尺寸约为 8nm。结合前面的 XPS 与 XRD 的分析可知，纳米晶为 TiC 的纳米晶，稀土元素 Ce 以非晶态的 CeO_2 均匀分布在（Ti，Ce)/a-C：H 薄膜中。报道指出，当 CeO_2 原子百分含量小于 8%时，Ce 以 CeO_2 形式存在于非晶碳结构中。因而，(Ti，Ce)/a-C：H 薄膜的微结构的主要组成为非晶碳、以纳米晶形式镶嵌在非晶碳结构中的 TiC 以及溶解在非晶碳中的非晶态的 CeO_2。

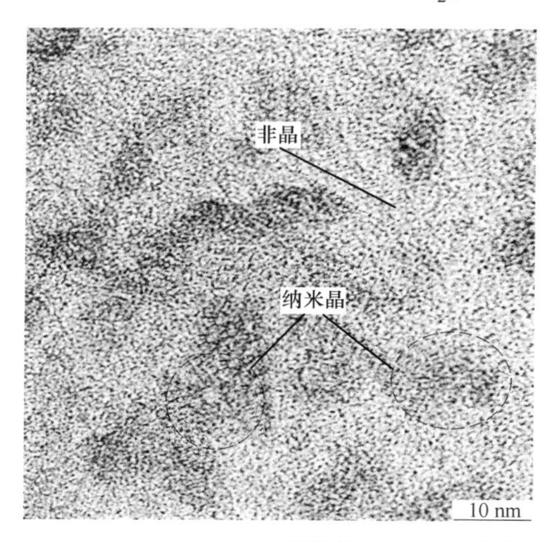

图 4.4　（Ti，Ce)/a-C：H 薄膜的 HRTEM 明场相照片

图 4.5 所示为所制备的（Ti，Ce)/a-C：H 薄膜截面 FESEM 照片。从图中可以看出，(Ti，Ce)/a-C：H 薄膜结构致密，薄膜的厚度约为 0.92μm，Ti 金属过渡层存在明显的柱状晶生长特征，另外，（Ti，Ce)/a-C：H 薄膜与过渡 Ti 层间无明显的分层现象，表明所制备的（Ti，Ce)/a-C：H 薄膜能有较高的结合强度。

对所制备 Ti/a-C：H 薄膜的表面形貌作原子力显微镜表征，所获得的表面二维与三维表面形貌如图 4.6 所示。从图中可以看出，所制备的（Ti，Ce)/a-C：H

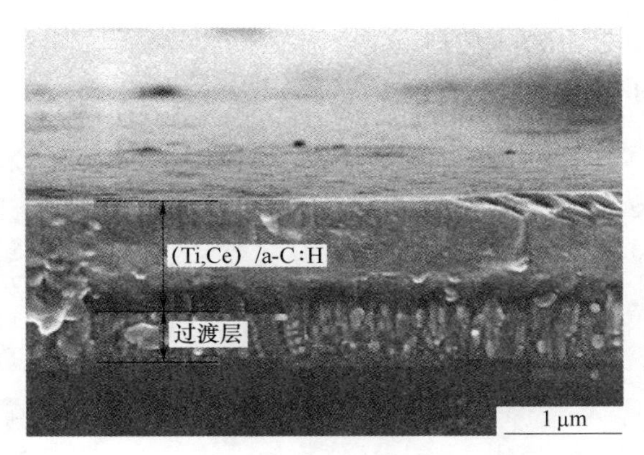

图4.5 （Ti，Ce)/a-C：H薄膜的截面FESEM照片

薄膜表面相对光滑，呈现出微小的起伏特征，表面上高度差约为十几个纳米范围，平均表面粗糙度约为1.32nm。

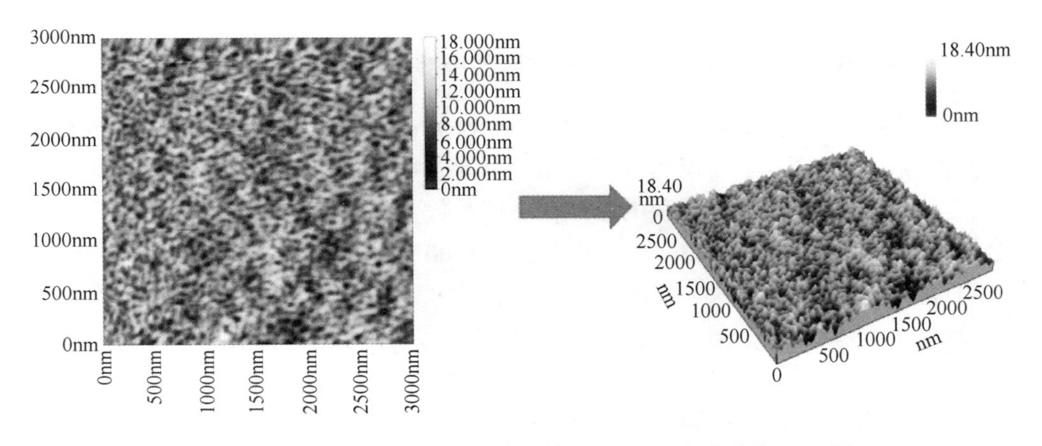

图4.6 （Ti，Ce)/a-C：H薄膜的二维与三维表面形貌AFM图

4.1.2 稀土改性（Ti，Ce)/a-C：H薄膜的力学性能

图4.7所示对所制备的（Ti，Ce)/a-C：H薄膜进行结合力测试。从图中可以看出载荷约为22N时，（Ti，Ce)/a-C：H薄膜划痕边缘开始出现微小脆性脱落，表明所制备的（Ti，Ce)/a-C：H薄膜的结合强度L_c约为22N，而当载荷达到50N测试结束时薄膜仅出现非连续的剥落特征，对比无稀土Ti/a-C：H薄膜的结合强度L_c有明显的上升，且载荷50N时Ti/a-C：H薄膜已完全脱落，表明稀土元素Ce的引入促进了结合力的上升与薄膜承载能力的上升。同时，对（Ti，Ce)/a-C：H薄膜作内应力测试，得到相应的内应力约为1.18GPa。纳米压痕测试的数据显示，（Ti，Ce)/a-C：H薄膜的硬度（H）约为19.3GPa，弹性模量

(E) 约为 145. 8GPa，H/E = 0. 13。结合前文 XPS 与拉曼的分析得出 Ce 元素协同 Ti 元素掺杂提升了非晶碳薄膜的硬度与弹性模量。

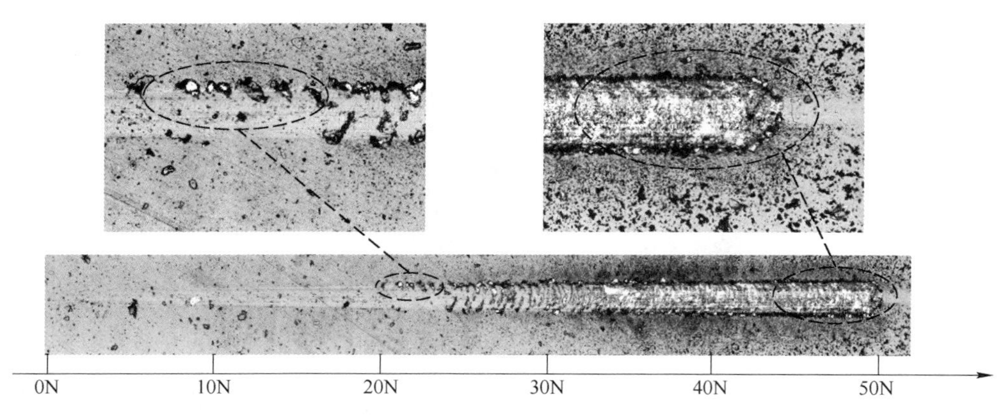

图 4. 7　(Ti, Ce)/a-C：H 薄膜的划痕形貌的光学显微镜照片

4. 1. 3　稀土改性 (Ti, Ce)/a-C：H 薄膜的摩擦磨损行为

分别采用载荷为 3N、5N、8N 对 (Ti, Ce)/a-C：H 薄膜体系作大气环境下的摩擦测试。如图 4. 8 所示为大气环境下 (Ti, Ce)/a-C：H 薄膜体系的摩擦系数，从图中可以看出随着载荷的上升，摩擦系数下降。三种载荷下摩擦过程的跑合期约为 350s。当载荷为 3N 时，摩擦至约 1900 s 时，摩擦系数波动，这可能与摩擦过程产生的磨屑有关，平均摩擦系数约为 0. 18；当载荷为 5N 时，摩擦系数比较稳定，平均摩擦系数约为 0. 15；而当载荷为 8N 时，摩擦系数比较稳定，约在 2600 s 附近，摩擦系数呈现出明显的下降，平均摩擦系数约为 0. 13。摩擦测试后 (Ti, Ce)/a-C：H 薄膜不同载荷的磨痕与磨斑 SEM 照片如图 4. 9 所示。从图中可以看出当载荷为 3N 时，(Ti, Ce)/a-C：H 薄膜的磨痕仅表现出了轻微的磨损特征，当载荷为 5N 时，(Ti, Ce)/a-C：H 薄膜表现明显的磨损现象，而当载荷上升为 8N 时，(Ti, Ce)/a-C：H 薄膜磨损加剧。而磨损率方面磨损率分别为：载荷为 3N 时磨损率为 2.1×10^{-7} $mm^3/(N\cdot m)$，5N 时磨损率为 1.4×10^{-7} $mm^3/(N\cdot m)$，8N 时磨损率为 2.3×10^{-7} $mm^3/(N\cdot m)$。

从磨斑的 SEM 照片可以清楚地看出磨斑上均有石墨化的转移膜的形成，这是 (Ti, Ce)/a-C：H 薄膜能表现优秀摩擦学性能的重要原因。所制备的 (Ti, Ce)/a-C：H 薄膜的摩擦系数随着载荷的上升而下降，由于摩擦力与载荷变化不一致，随着载荷的上升，摩擦力上升缓慢，因而摩擦系数下降，因而摩擦系数随着载荷的上升而下降。(Ti, Ce)/a-C：H 薄膜磨损率与载荷的关系表明，随着载荷的上升，(Ti, Ce)/a-C：H 薄膜的接触面间赫兹应力上升，加速磨痕区域的转移材料的石墨化。当载荷增加从3N上升至5N时，转移材料的快速石墨化，有助于转移膜的快速形成，固体润滑效果更明显，使磨损率降低，但当载荷从5N上升至8N时，对偶球与（Ti，Ce）/a-C：H薄膜接触面间赫兹应力显著上升，应力的上升会导致转移材料快速石墨化和石墨化深度的增加，并加速磨损。因此，（Ti，Ce）/a-C：H薄膜中摩擦测试区域石墨化深度明显上升，薄膜材料磨损加剧，磨损率上升。

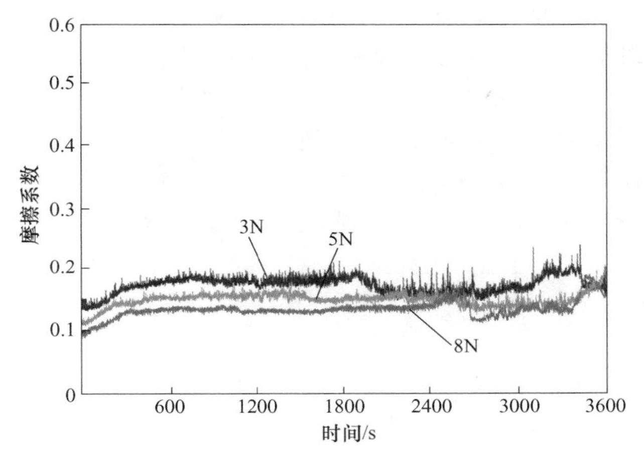

图4.8 大气环境下（Ti，Ce）/a-C：H薄膜不同载荷的摩擦系数曲线

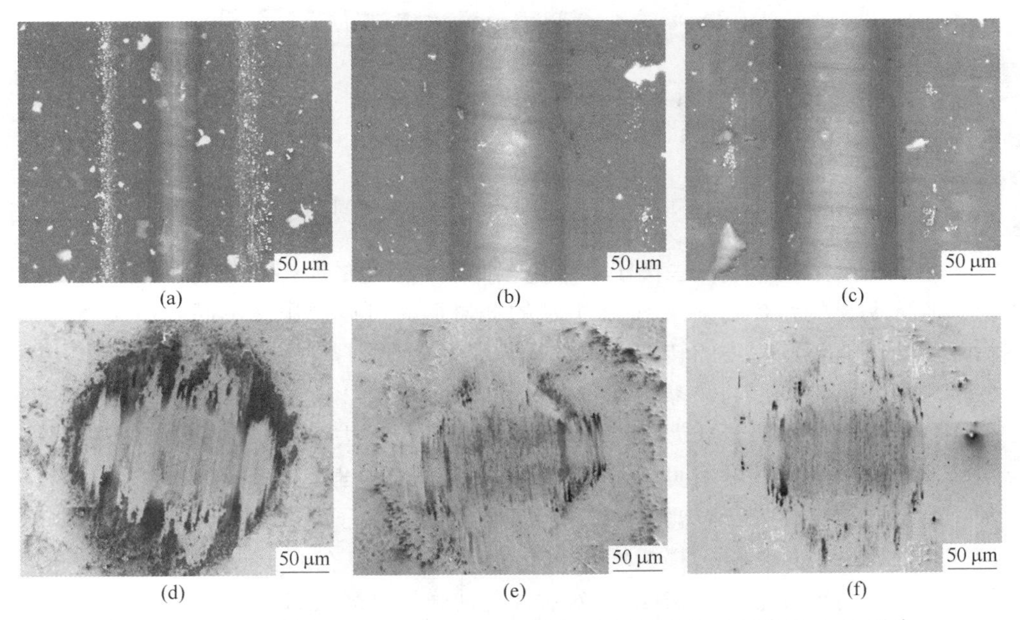

图4.9 大气环境下（Ti，Ce）/a-C：H薄膜不同载荷的磨痕与磨斑SEM照片

(a)，(d) 3N；(b)，(e) 5N；(c)，(f) 8N

图 4.10 所示为所制备的（Ti，Ce）/a-C：H 薄膜在离子水环境下不同载荷的摩擦曲线。从图中可以看出，三种载荷摩擦过程均无明显的跑合期，且三种载荷的摩擦系数均出现了一些瞬时波动，这可能与摩擦过程磨屑的产生与排出有关，载荷为 3N 时，平均摩擦系数约为 0.06，载荷上升至 5N 时，摩擦系数下降，平均摩擦系数约为 0.05，而当载荷继续上升至 8N 时，摩擦系数继续下降约为 0.04。图 4.11 所示为去离子水环境下（Ti，Ce）/a-C：H 薄膜不同载荷摩擦测试所获得的磨痕与磨斑的 SEM 照片。从图中可以明显看出，（Ti，Ce）/a-C：H 薄膜的摩擦测试时载荷为 3N 时仅表现出极轻微的磨损，磨痕区域极难识别；随着载荷上升磨损量逐渐上升，且随着载荷的上升，磨损率先上升后下降，在载荷为 5N 时有最低的磨损率。计算磨损率得到所制备的（Ti，Ce）/a-C：H 薄膜的磨损率分别为：载荷为 3N 时磨损率为 1.43×10^{-7} $mm^3/(N \cdot m)$，5N 时磨损率降低为 0.95×10^{-7} $mm^3/(N \cdot m)$，8N 时的磨损率上升为 1.26×10^{-7} $mm^3/(N \cdot m)$。

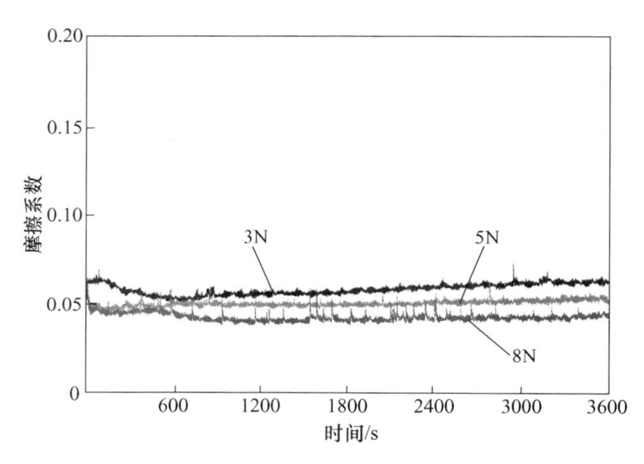

图 4.10　去离子水环境下（Ti，Ce）/a-C：H 薄膜不同载荷的摩擦系数曲线

水润滑因素的影响，去离子水环境相比大气环境的摩擦系数有不同程度的下降，且无明显的跑合期。从图 4.11 中的磨斑形貌可以看出，不同载荷摩擦测试后的磨斑均有不同程度的转移材料的团聚，表明所制备的（Ti，Ce）/a-C：H 薄膜的去离子水环境下的摩擦磨损行为为水滑润与 DLC 薄膜的自润滑性能的共同作用的结果。当载荷较低为 3N 时，载荷相对较低，去离子水能形成有效的水润滑作用，流体润滑的作用明显因而磨损率也较低；当载荷上升为 5N 时，载荷增加，摩擦过程中存在于对偶球与薄膜对摩区域的水分子减少，流体润滑作用明显减弱，使得摩擦过程中磨损量增加并形成转移材料，有助于形成 DLC 薄膜的自润滑；当载荷继续上升至 8N 时，对偶球与薄膜接触区域间的接触应力显著增加，去离子水介质无法形成流体润滑，使得去离子水环境下的摩擦过程呈现类似于干

摩擦过程，然而在摩擦过程中去离子水会对对摩面间的转移材料形成冲刷作用，阻止连续化的转移膜的快速形成，同时水分子会对摩擦后的区域产生的微裂纹形成侵蚀渗透，在循环载荷的作用下对偶球作用于已侵蚀区域时，水分子因高应力作用加速对薄膜内部渗透并形成疲劳磨损。因此，载荷为8N时磨损率也明显上升。

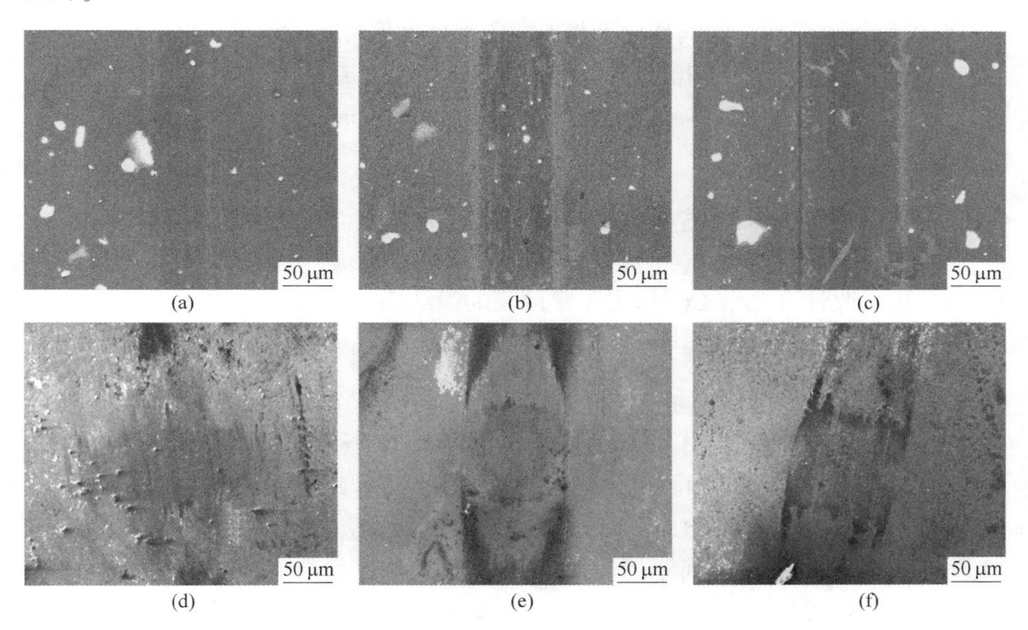

图4.11 去离子水环境下(Ti，Ce)/a-C：H薄膜不同载荷的磨痕与磨斑SEM照片
(a)，(d) 3N；(b)，(e) 5N；(c)，(f) 8N

去离子水环境下的摩擦系数与磨损率与大气环境下相比分别表现出不同程度的降低。与Ti/a-C：H薄膜的摩擦测试相比，(Ti，Ce)/a-C：H薄膜去离子水环境下高载荷(8N)下的磨损率也低于大气环境下的磨损率，这与稀土元素Ce的引入促进了薄膜力学性能的提升与内应力的降低有关。更优秀的力学性能使(Ti，Ce)/a-C：H薄膜表现出更高的承载能力，同时内应力的释放也部分阻止了薄膜内的孔隙贯穿与去离子水环境下水分子的渗透。载荷为3N与5N时(Ti，Ce)/a-C：H薄膜的磨损率降低，主要与水润滑作用相关，当载荷达到8N时，水的黏度低导致水润滑作用微弱，但因内应力的降低有效阻止水分子的渗透，使(Ti，Ce)/a-C：H薄膜仅呈现出类似干摩擦的效果，依然表现出低磨损特性。

采用直流磁控溅射系统，分别使用高纯Ti靶、Ti/Ce复合靶制备(Ti，Ce)/a-C：H复合薄膜并对其微结构与性能进行了系统的表征：(1) XRD与HRTEM的结果证明了所制备的(Ti，Ce)/a-C：H薄膜呈现出典型的非晶结构特征，Ti

元素以 TiC 的纳米晶分布在（Ti，Ce)/a-C：H 薄膜中，而 Ce 元素以非晶态的 CeO_2 分布在所制备的两种薄膜中；（2）（Ti，Ce)/a-C：H 薄膜的力学性能表明稀土元素 Ce 的引入促进了 Me/a-C：H 薄膜的硬度与弹性模量以及结合强度的进一步提升，内应力的进一步释放，（Ti，Ce)/a-C：H 薄膜的硬度分别为 19.3GPa，内应力分别下降为 1.18GPa，结合强度提升至 22N。(3)（Ti，Ce)/a-C：H 薄膜摩擦学性能测试表明，大气环境下与去离子水环境下均能表现出良好的摩擦学性能，去离子水环境下呈现出更加优异的摩擦学性能。去离子水环境下载荷为 5N 时的（Ti，Ce)/a-C：H 薄膜的磨损率为 0.95×10^{-7} $mm^3/(N\cdot m)$，表现出很好的工程应用前景。

4.2　稀土改性纳米复合非晶碳 (Cr，Ce)/a-C：H 耐磨薄膜

4.2.1　稀土改性（Cr，Ce)/a-C：H 薄膜的微结构

对所制备的（Cr，Ce)/a-C：H 薄膜采用 XPS 对其元素组成表征。（Cr，Ce)/a-C：H 薄膜的主要组成元素的含量分别为：C 94.0%，Cr 0.9%，Ce 0.3%。(Cr，Ce)/a-C：H 薄膜各组成元的结合能如图 4.12 所示，从图 4.12（a）中可以看出，在结合能为 904.4eV 与 885.9eV 处出现了 S 峰（satellite lines)，对 S 峰计算机拟合结果显示在 881.7eV 与 900.0eV 分别对应 Ce $3d_{5/2}$ 与 Ce $3d_{3/2}$，Ce $3d_{5/2}$ 与 Ce $3d_{3/2}$ 峰结合能间距约为 18.3eV，这些特性均与 CeO_2 的结合能一致，表明稀土元素 Ce 以 CeO_2 的形式存在于（Cr，Ce)/a-C：H 薄膜中。DLC 薄膜材料的 C 1s 谱一般能 Gaussian 拟合成三个峰，分别对应其三种组成 sp^2-C、sp^3-C 与 C—O/C ═O。对所制备的（Cr，Ce)/a-C：H 薄膜的 XPS C 1s 谱拟合如图 4.12（b)所示。拟合结果显示，三个峰分别为结合能为 284.5eV 的 sp^2-C、

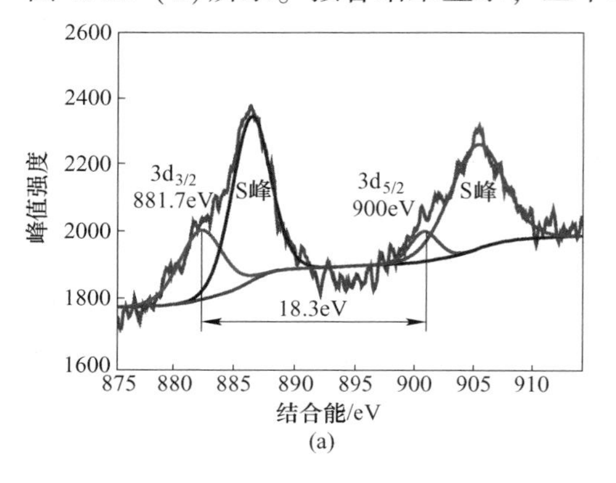

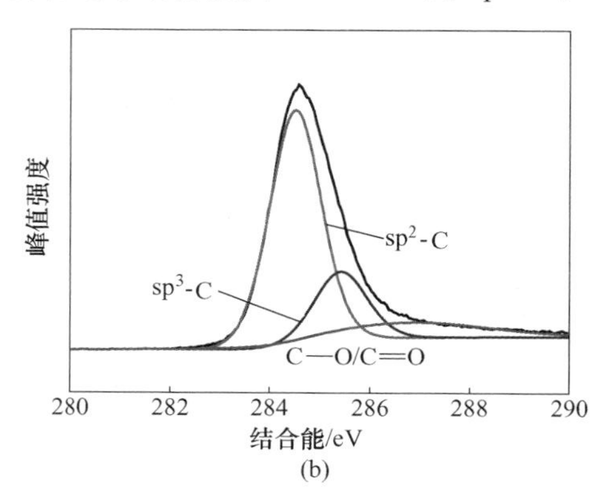

图 4.12　(Cr，Ce)/a-C：H 薄膜的 XPS 图谱
(a) Ce 3d 谱；(b) C 1s 谱

285.4eV 的 sp^3-C 与 286.9eV 的 C—O/C ═O。此外，对 sp^2-C，sp^3-C 与 C—O/C ═O峰计算积分强度，因而 sp^3-C 的峰位积分强度能被用来表征 sp^3-C 的相对含量，计算结果显示 $sp^3/(sp^2+sp^3)$ 值为 0.25。

所制备的（Cr，Ce）/a-C：H 薄膜的 XRD 衍射图谱如图 4.13 所示。从图中可以看出，（Cr，Ce）/a-C：H 薄膜为典型的非晶态薄膜材料，除去 70°附近的 Si 峰，仅在 44°与 82°附近出现了衍射特征峰，分别对应于 Cr（1 1 0）与 Cr（2 1 1）晶面，前面 XPS 的结果显示 Cr 元素的含量仅为 0.9%。依据半峰宽反映晶面所对应的晶粒尺寸信息，并通过 Debye-Scherrer 公式计算得到所制备的（Cr，Ce）/a-C：H 薄膜中 Cr 晶粒的平均晶粒尺寸约为 5nm。

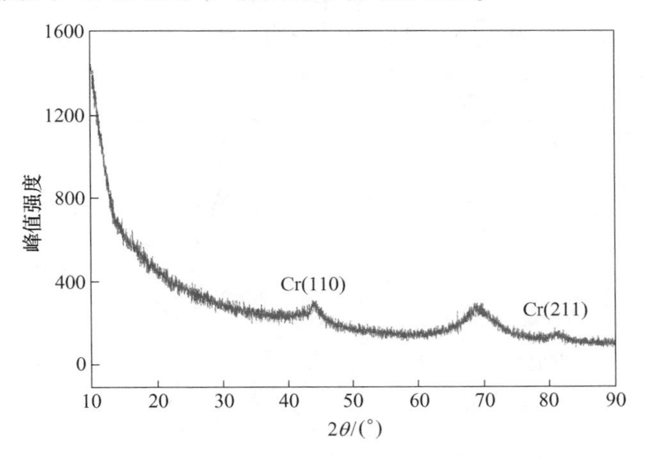

图 4.13　（Cr，Ce）/a-C：H 薄膜的 XRD 衍射图谱

如图 4.14 所示为所制备的（Cr，Ce）/a-C：H 薄膜 HRTEM 照片。从图中可

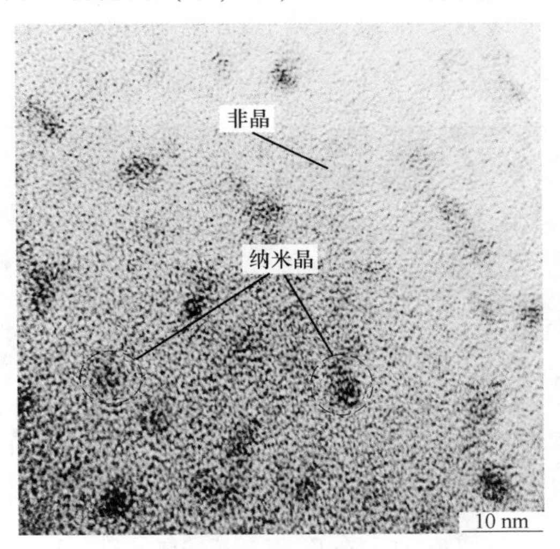

图 4.14　（Cr，Ce）/a-C：H 薄膜的 HRTEM 明场相照片

以看出，(Cr，Ce)/a-C：H 薄膜为典型的非晶纳米晶的复合结构，纳米晶粒均匀分布在非晶碳结构中，同时可以得到 Cr 纳米晶的晶粒平均尺寸约为 5nm。结合 XPS 与 XRD 的分析可知纳米晶为 Cr 的纳米晶，稀土元素 Ce 以非晶态的 CeO_2 均匀分布在（Cr，Ce)/a-C：H 薄膜中。因而，(Cr，Ce)/a-C：H 薄膜的微结构的主要组成为非晶碳、以纳米晶镶嵌在非晶碳中的 Cr 以及溶解在非晶碳中的非晶态的 CeO_2。

图 4.15 所示为（Cr，Ce)/a-C：H 薄膜的 800～2000cm^{-1}的拉曼光谱，对其采用计算机拟合得到分别位于 1560cm^{-1}与 1350cm^{-1}附近的两个峰，分别对应 G 峰与 D 峰，计算 I_D/I_G 值为 0.87，相比于所制备 Cr/a-C：H 薄膜，稀土掺杂（Cr，Ce)/a-C：H 薄膜的 I_D/I_G 值更低，表明稀土元素 Ce 的引入促进了 sp^3-C 的形成，提升了其相对含量。

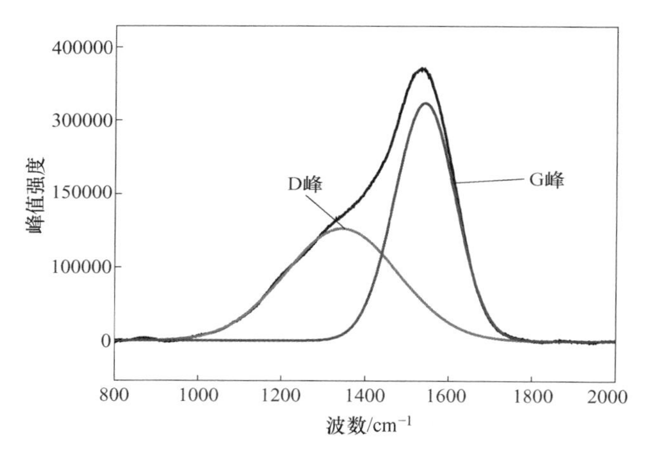

图 4.15　(Cr，Ce)/a-C：H 薄膜的拉曼光谱

对所制备的（Cr，Ce)/a-C：H 薄膜截面作 FESEM 表征，如图 4.16 所示。图

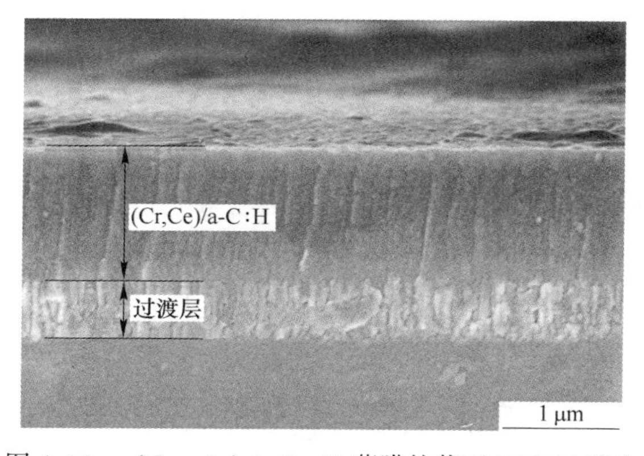

图 4.16　(Cr，Ce)/a-C：H 薄膜的截面 FESEM 照片

片显示制备的（Cr，Ce）/a-C：H 薄膜厚度约为 1.16μm，且结构致密，金属 Cr 过渡层与表面（Cr，Ce）/a-C：H 薄膜间无明显的分层现象，表明所制备（Cr，Ce）/a-C：H 薄膜能表现出较好的结合强度。

对所制备的（Cr，Ce）/a-C：H 薄膜的表面形貌作 AFM 表征，所获得的表面三维形貌如图 4.17 所示。图片显示所制备（Cr，Ce）/a-C：H 薄膜呈现出相对光滑的表面，表面起伏高度差约为 10nm，表明所制备的（Cr，Ce）/a-C：H 薄膜的表面粗糙度较低，经计算得到平均表面粗糙度（*Ra*）约为 1.03nm。

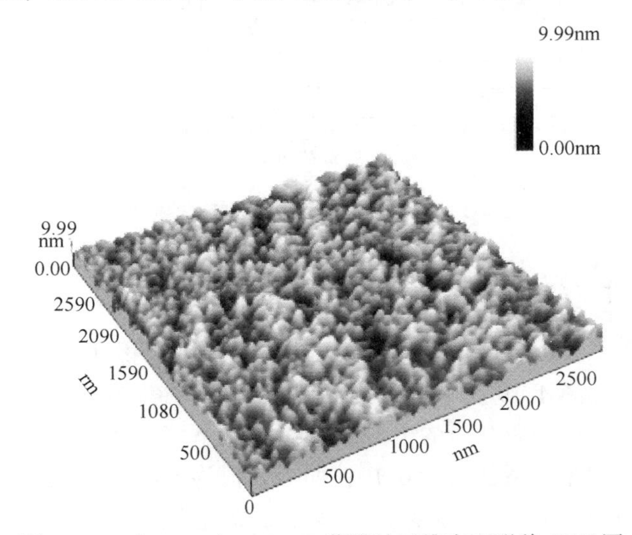

图 4.17　（Cr，Ce）/a-C：H 薄膜的三维表面形貌 AFM 图

4.2.2　稀土改性（Cr，Ce）/a-C：H 薄膜的力学性能

进一步对所制备的（Cr，Ce）/a-C：H 薄膜的力学性能测试显示，（Cr，Ce）/a-C：H 薄膜的硬度（*H*）与弹性模量（*E*）分别为 22.0GPa 与 169.6GPa，而计算得到硬度与弹性模具的比值约为 $H/E = 0.13$，而 Cr，Ce 元素二元掺杂 DLC 薄膜对其内应力有了明显的改善约为 1.22GPa，表明金属元素 Cr 协同稀土元素 Ce 掺杂对 DLC 薄膜的内应力改善起到了良好的效果。采用声发射划痕仪对所制备的（Cr，Ce）/a-C：H 薄膜作结合强度测试，如图 4.18 所示。从划痕形貌上可以看出，当载荷约为 37N 时，（Cr，Ce）/a-C：H 薄膜开始出现弹性裂纹与微小的现脆性脱落，表明所制备的（Cr，Ce）/a-C：H 薄膜的结合强度 L_c 约为 37N，而与之相对应的声音信号 A_E 出现了一个尖锐的起峰，当载荷超过 40N 时，声音信号 A_E 开始出现连续的起峰，（Cr，Ce）/a-C：H 薄膜的光学形貌照片上可以看出此时薄膜开始出现不连续的裂纹与脱落，至测试结束，（Cr，Ce）/a-C：H 薄膜没出现完全脱落，表明所制备的（Cr，Ce）/a-C：H 薄膜有良好的承载能力。

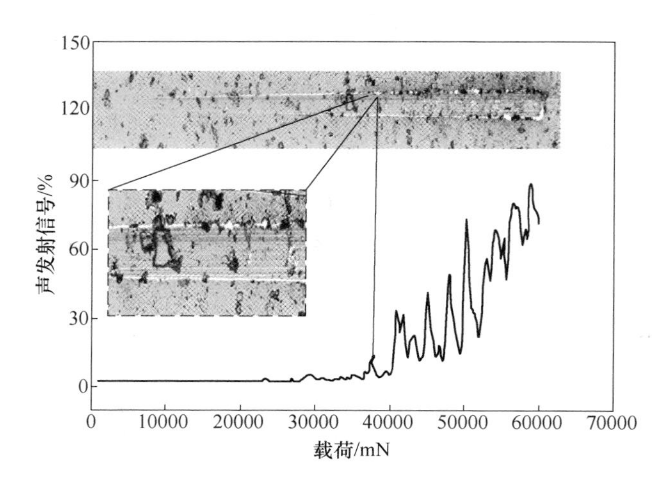

图 4.18　(Cr, Ce)/a-C∶H 薄膜的划痕形貌的光学显微镜照片声音信号曲线

4.2.3　稀土改性 (Cr, Ce)/a-C∶H 薄膜的摩擦磨损行为

对 (Cr, Ce)/a-C∶H 薄膜体系作大气环境下的摩擦测试，采用载荷分别为 3N、5N 与 8N。如图 4.19 所示为大气环境下 (Cr, Ce)/a-C∶H 薄膜体系的摩擦系数，从图可以看出随着载荷的上升，摩擦系数下降。当载荷为 3N 时，摩擦系数波动较大，平均摩擦系数约为 0.19；而当载荷为 5N 时，跑合期较长约 2200 s，平均摩擦系数约为 0.13；当载荷为 8N 时，摩擦过程无明显的跑合期，平均摩擦系数约为 0.11。图 4.20 所示为大气环境下所制备的 (Cr, Ce)/a-C∶H 薄膜不同载荷的磨痕与磨斑 SEM 照片。从图 4.20 中可以看出，随着载荷的上升，(Cr, Ce)/a-C∶H 薄膜的磨痕宽度明显上升、磨斑直径显著增加、磨损量上升。当载荷为 3N 时，(Cr, Ce)/a-C∶H 薄膜的磨痕仅表现出了轻微的磨损特征，当载荷为 5N 时，(Cr, Ce)/a-C∶H 薄膜表现出较明显的磨损现象，而当载荷上升为 8N 时，(Cr, Ce)/a-C∶H 薄膜磨损加剧。磨损率分别为：载荷为 3N 时磨损率为 $1.73\times10^{-7}\ mm^3/(N\cdot m)$，5N 时磨损率为 $1.32\times10^{-7}\ mm^3/(N\cdot m)$，8N 时磨损率为 $1.85\times10^{-7}\ mm^3/(N\cdot m)$。

从磨斑的 SEM 照片可以清楚地看出，除了磨斑直径周围分布的磨屑，磨斑直径内有明显的石墨化的转移材料均匀分布，因而 (Cr, Ce)/a-C∶H 薄膜能表现出较低的摩擦系数与磨损率。载荷与摩擦系数的关系在摩擦领域早已明确，在不出现瞬间过载与表明粗糙度不明显改变的前提下，摩擦系数随载荷的上升而下降。载荷对 (Cr, Ce)/a-C∶H 薄膜磨损率的影响表明，随着载荷的上升，对偶球与 (Cr, Ce)/a-C∶H 薄膜的接触面间赫兹应力上升，加速接触面间转移材料的石墨化，使摩擦系数降低。载荷从 3N 上升至 5N 时，转移材料的快速石墨化，起到了更加优秀的润滑效果，使磨损率降低，但当载荷从 5N 上升至 8N 时，对偶球与（Cr，Ce）/a-C：H 薄膜接触面间赫兹应力显著上升，赫兹应力的上升一方面会使转移材料快速石墨化，另一方面会导致应力作用深度的增加，使（Cr，Ce）/a-C：H 薄膜中摩擦测试区域石墨化深度明显上升，更大深度范围内的表面力学性能缺失，因此，在摩擦测试过程中（Cr，Ce）/a-C：H 薄膜磨损加剧，磨损率上升。

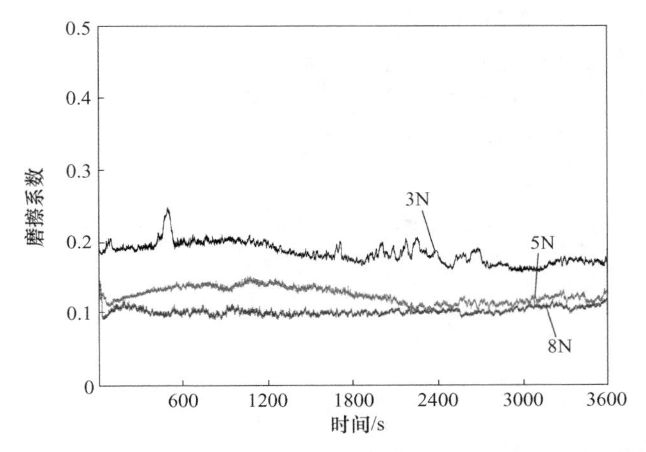

图 4.19 大气环境下（Cr，Ce）/a-C：H 薄膜不同载荷的摩擦系数曲线

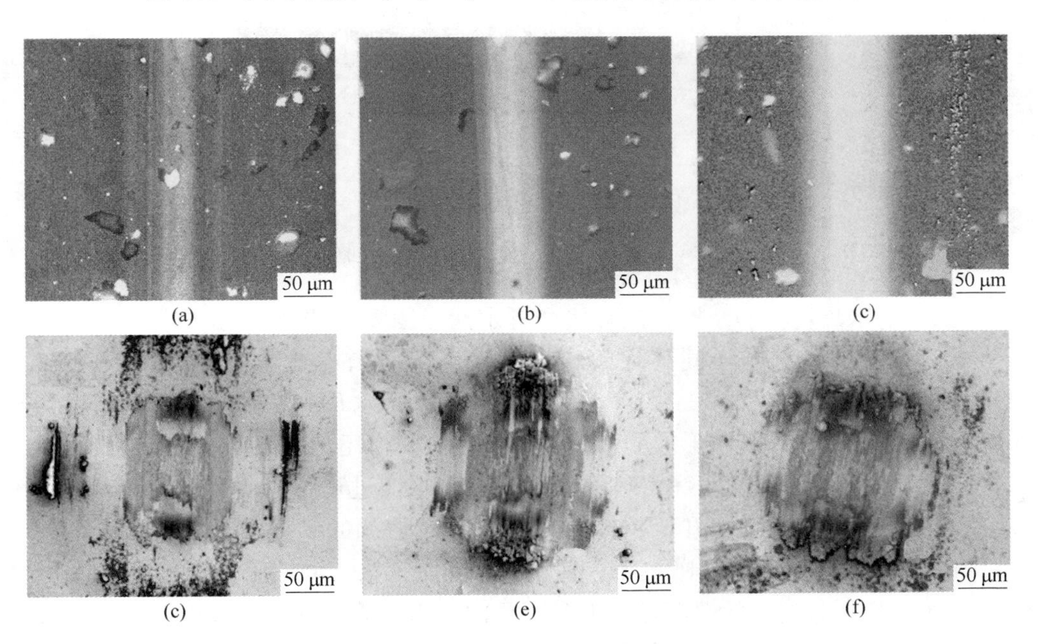

图 4.20 大气环境下（Cr，Ce）/a-C：H 薄膜不同载荷的磨痕与磨斑 SEM 照片

(a)，(d) 3N；(b)，(e) 5N；(c)，(f) 8N

图 4.21 所示为所制备的（Cr，Ce）/a-C：H 薄膜在去离子水环境下不同载荷的摩擦曲线，从图中可以看出，三种载荷下摩擦测试均无明显的跑合期，但摩擦系数均存在细微且连续的波动，且摩擦曲线随摩擦测试的进行呈上升的趋势。当载荷为 3N 时，平均摩擦系数约为 0.10，5N 时的摩擦系数约为 0.07，而当载荷上升至 8N 时，摩擦曲线反而上升，平均摩擦系数约为 0.08。图 4.22 所示为去离子水环境下（Cr，Ce）/a-C：H 薄膜不同载荷摩擦测试所获得的磨痕与磨斑的 SEM 照片。从图中可以明显看出，（Cr，Ce）/a-C：H 薄膜在去离子水环境下载荷为 3N 时仅存在极轻微的磨损；当载荷为 5N 时，（Cr，Ce）/a-C：H 薄膜的磨损量也较低；而当载荷为 8N 时，从其磨痕上可看出（Cr，Ce）/a-C：H 薄膜的磨损量明显升高。磨损率方面，经过计算，所制备的（Cr，Ce）/a-C：H 薄膜的磨损率分别为：载荷为 3N 时磨损率为 $0.55\times10^{-7}\ mm^3/(N\cdot m)$，5N 时磨损率为 $0.82\times10^{-7}\ mm^3/(N\cdot m)$，8N 时磨损率为 $2.05\times10^{-7}\ mm^3/(N\cdot m)$。

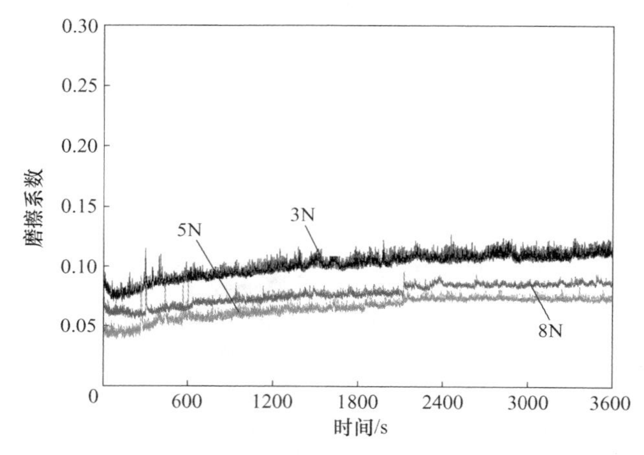

图 4.21　（Cr，Ce）/a-C：H 薄膜去离子水环境下不同载荷的摩擦系数曲线

去离子水环境下的摩擦测试必然会有水润滑因素的涉及，同时对图 4.22 中的磨斑形貌观察可知，不同载荷摩擦测试后的磨斑均有不同程度的转移材料的聚集，表明所制备的（Cr，Ce）/a-C：H 薄膜的去离子水环境下的摩擦磨损行为为水滑润与石墨化转移材料形成的自润滑材料的协同作用的结果。当载荷为 3N 与 5N 时，载荷相对较低，水润滑作用明显，因而摩擦过程中无明显的跑合期，磨损率也较低；而当载荷上升至 8N 时，对偶球与薄膜间的赫兹接触应力显著上升，导致摩擦过程呈现类似于干摩擦过程，与所制备的 Cr/a-C：H 薄膜相比，（Cr，Ce）/a-C：H 薄膜的力学性能显著上升，且内应力显著下降，一方面低内应力减少薄膜中的孔隙，去离子水不能有效对（Cr，Ce）/a-C：H 薄膜渗透，另一方面因（Cr，Ce）/a-C：H 薄膜粘着磨损裂纹萌生，在水分子与高载荷的协同作用下

使表面粗糙度上升，因而载荷为 8N 时，薄膜摩擦系数相比 5N 时反而上升，薄膜磨损率则明显上升。

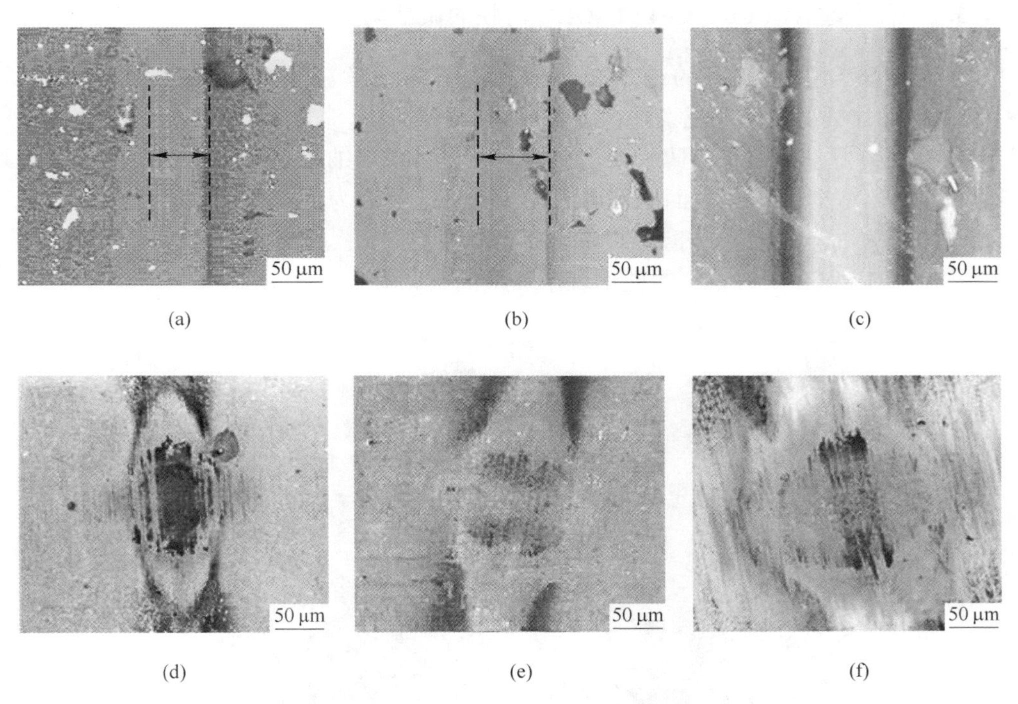

图 4.22　去离子水环境下（Cr，Ce）/a-C：H 薄膜不同载荷的磨痕与磨斑 SEM 照片
（a），（d）3N；（b），（e）5N；（c），（f）8N

采用直流磁控溅射系统，使用高纯 Cr 靶、Cr/Ce 复合靶制备（Cr，Ce）/a-C：H复合薄膜并对其微结构与性能进行了系统的表征：（1）XRD 与 HRTEM 的结果证明了所制备的（Cr，Ce）/a-C：H 薄膜均呈现出典型的非晶结构特征，Cr 元素以 Cr 的纳米晶分布在（Cr，Ce）/a-C：H 薄膜中，而 Ce 元素以非晶态的 CeO_2 分布在所制备的两种薄膜中。（2）（Cr，Ce）/a-C：H 薄膜的力学性能表明稀土元素 Ce 的引入促进了 Me/a-C：H 薄膜的硬度与弹性模量以及结合强度的进一步提升，内应力的进一步释放，（Cr，Ce）/a-C：H 薄膜的硬度分别为 22.0GPa，内应力分别下降为 1.22GPa，结合强度提升至 37N。（3）（Cr，Ce）/a-C：H 薄膜摩擦学性能测试表明，大气环境下与去离子水环境下均能表现出良好的摩擦学性能，去离子水环境下呈现出更加优异的摩擦学性能。去离子水环境下载荷为 5N 时（Cr，Ce）/a-C：H 薄膜的磨损率为 0.82×10^{-7} $mm^3/(N\cdot m)$，表现出良好的工程应用效果。

4.3　稀土改性纳米复合非晶碳（Cu，Ce）/Ti-DLC 耐磨薄膜

4.3.1　稀土改性（Cu，Ce）/Ti-DLC 薄膜的微结构

通过 SPM 对所制备的纳米复合薄膜进行表面形貌和粗糙度的表征，如图 4.23 所示。从图中可以观察到，碳基薄膜在不同 CH_4 流量下的粗糙度 *Ra* 存在一定的差别，但整体而言，薄膜表面光滑平整，呈现出纳米级的起伏结构。在 CH_4 流量为 9sccm 时，形貌表面局部出现大颗粒。这是因为沉积过程中含氢的碳离子轰击薄膜表面与其发生碰撞、吸附和扩散等现象[16]，提高了薄膜沉积效率，同时抑制了 Ti、Cu 的掺杂，因此出现了局部的大颗粒。

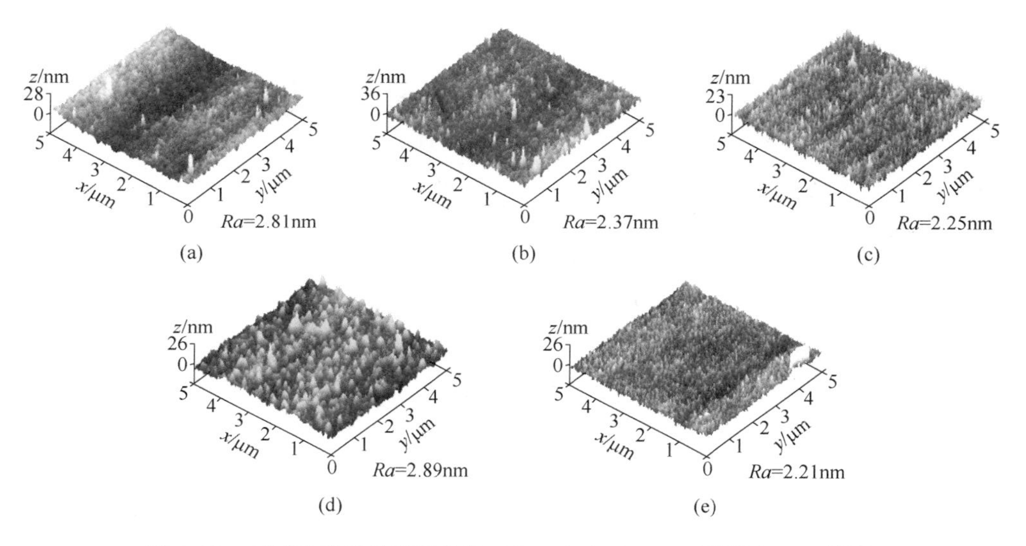

图 4.23　不同甲烷流量下制备的（Cu，Ce）/Ti -DLC 薄膜的 SPM 形貌
（a）5sccm；（b）6sccm；（c）7sccm；（d）8sccm；（e）9sccm

图 4.24 是在不同甲烷流量条件下制备的（Cu，Ce）/Ti-DLC 纳米复合薄膜截面 FESEM 图。图中显示，利用纯 Ti 靶沉积的过渡层表现出典型的柱状晶结构，（Cu，Ce）/Ti-DLC 薄膜结构均匀且致密，没有出现任何局部剥离和明显的分层现象，这表明制备的纳米复合薄膜具有较好的黏合性和较高的结合力。薄膜的厚度随着 CH_4 流量增加而增加，从最低厚度 400nm 上升达到 543.3nm。这主要是由于真空直流磁控溅射的非平衡溅射，Ar 离子轰击靶材，同时部分逸出的二次电子会与 CH_4 粒子发生碰撞电离反应，随着反应气体浓度的增大，CH_4 的离化率也逐渐增加，从而提高薄膜的沉积效率，导致薄膜厚度的增大。

拉曼光谱是用来分析碳基薄膜的一种常见技术手段，DLC 薄膜的拉曼光谱一

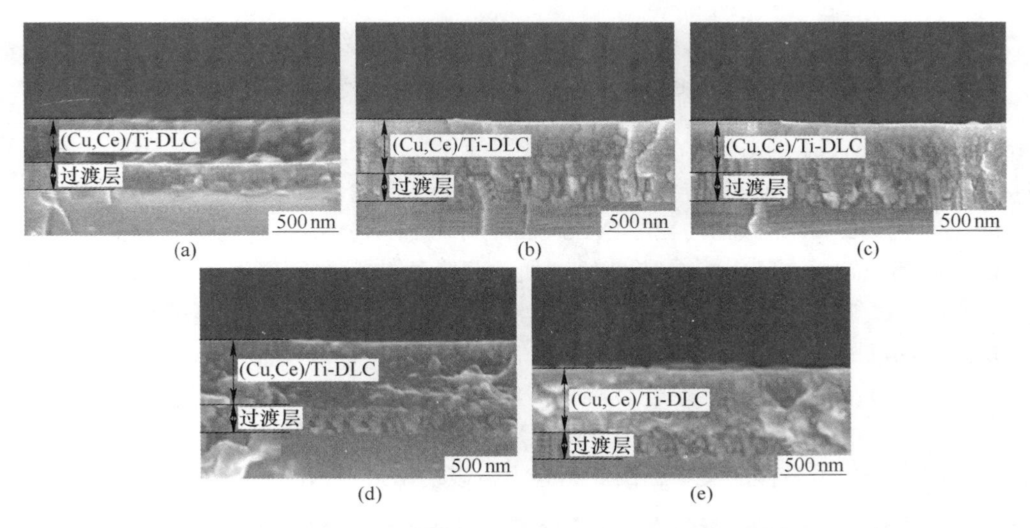

图 4.24　不同甲烷流量下制备的（Cu，Ce）/Ti -DLC 薄膜的截面 FESEM 图

（a）5sccm；（b）6sccm；（c）7sccm；（d）8sccm；（e）9sccm

般会在 1500cm^{-1}附近表现为一个不对称的宽峰，可以通过高斯或洛伦兹方程将该峰拟合为两个峰[17,18]，分别为 1550cm^{-1}附近的 G 峰和 1360cm^{-1}附近的 D 峰。图 4.25 为不同甲烷流量下制备纳米复合薄膜波长区间为 800～2200cm^{-1}的拉曼光谱和利用高斯函数的拟合图。随着甲烷流量的增加，G 峰宽度逐渐变宽，峰值大体呈下降趋势，I_D/I_G峰面积之比随着甲烷流量增大而下降。这说明随着甲烷流量的上升，薄膜中 sp^{3}杂化碳的含量逐渐上升，sp^{2}杂化碳的键角紊乱程度增加，G 峰峰位向波数低的方向移动，键角无序化增大。

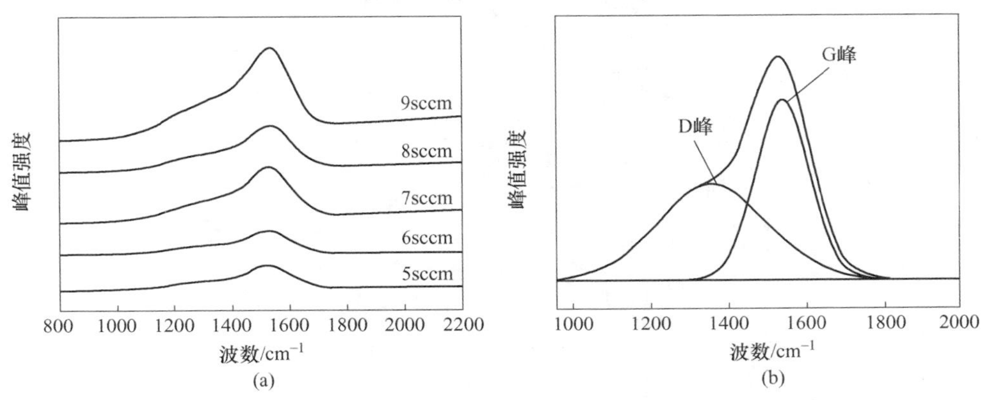

图 4.25　不同甲烷流量下制备的（Cu，Ce）/Ti -DLC 薄膜的拉曼光谱（a）和拟合图（b）

4.3.2 稀土改性（Cu，Ce）/Ti-DLC 薄膜的力学性能

采用划痕试验来表征所制备薄膜的结合强度，图 4.26 为不同 CH_4 流量下制备的(Cu,Ce)/Ti-DLC 纳米复合薄膜的划痕形貌。通过分析划痕的光学显微图像可以得到，碳基薄膜的结合强度（L_c）分别为：20.9N（5sccm）、28.3N（6sccm）、32.9N(7sccm)、22.4N(8sccm) 和 22.9N(9sccm)。纳米复合薄膜表现出局部的破损，随着 CH_4 流量的增加，薄膜的结合力呈现先增加后减少的趋势。当 CH_4 流量为 7sccm 时，复合薄膜具有最佳的结合力，在划痕试验后，只出现微小局部的破损、变形现象。这是因为随着反应气体浓度的增加，薄膜的厚度也随之变厚，但同时也存在着 G 峰从高波数向低波数转移现象，薄膜内键角的无序度增大，内应力变大。所以当甲烷流量为 7sccm 时，薄膜的厚度与膜内键角排列有序度表现出最佳的关系，因此结合力也表现出最优情况。

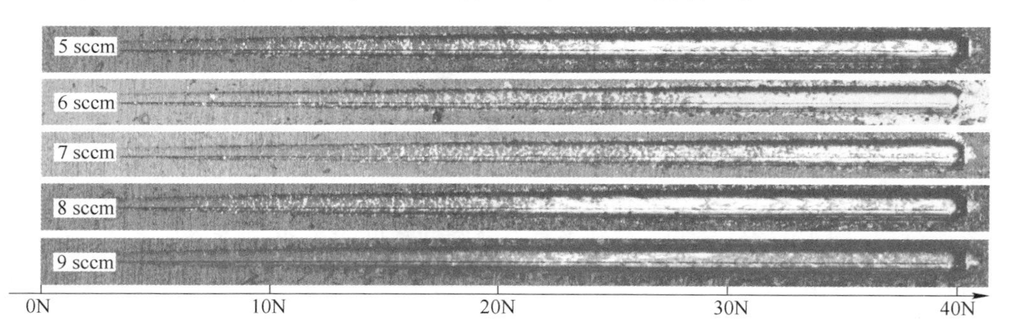

图 4.26 不同甲烷流量下制备的（Cu，Ce)/Ti-DLC 薄膜的划痕形貌

图 4.27 所示为在不同 CH_4 流量下制备的（Cu，Ce)/Ti-DLC 薄膜的硬度与弹

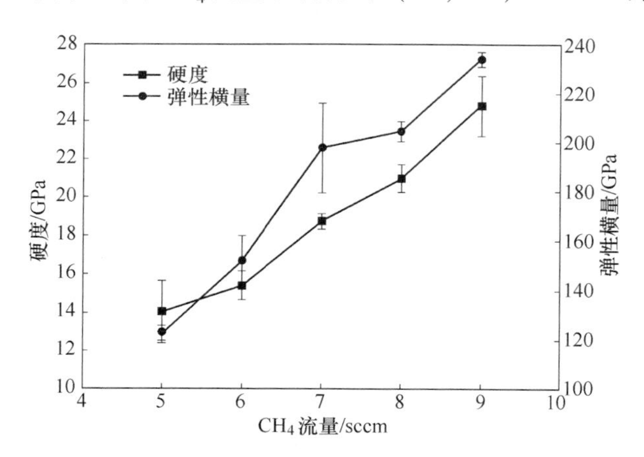

图 4.27 不同甲烷流量下制备的（Cu，Ce)/Ti-DLC 薄膜的硬度与弹性模量

性模量。从图中得到，随着反应气体流量的升高，薄膜的硬度从 14.05GPa 上升到 24.77GPa，弹性模量从 122.83GPa 上升到 234.08GPa。薄膜的硬度与薄膜内部 sp^3 杂化碳的相对含量有关，当 sp^3 杂化碳的相对含量越高，薄膜硬度也就越高。结合拉曼光谱，随着反应气体浓度的升高，I_D/I_G 值下降，也就说明 sp^3 杂化碳相对含量的升高，因此薄膜的硬度随着反应气体流量的增加而变大。

4.3.3 稀土改性（Cu，Ce）/Ti-DLC 薄膜的摩擦磨损行为

图 4.28 为不同 CH_4 流量下制备的（Cu，Ce）/Ti-DLC 薄膜在大气环境下的摩擦系数和磨损率。结果显示，CH_4 的流量对所制备纳米复合薄膜的摩擦系数有明显的影响。随着 CH_4 流量的增加，碳基薄膜的平均摩擦系数呈现先减小后增大的趋势，在气体流量为 7sccm 时制备的薄膜具有最低的摩擦系数，约为 0.095。通过对纳米复合薄膜在摩擦行为过程中的磨损率进行了计算，从在不同甲烷流量下制备复合薄膜与 Si_3N_4 小球对摩时薄膜的磨损率变化情况可以看出，磨损率随着甲烷流量的增大呈现先减小后增大的规律。当甲烷流量为 7sccm 时，薄膜拥有最佳的磨损率，为 $2.53\times10^{-7}mm^3/(N\cdot m)$，在流量为 5sccm 时，复合薄膜的磨损率最高，为 $8.86\times10^{-6}mm^3/(N\cdot m)$。同样的。图 4.29 为（Cu，Ce）/Ti-DLC 薄膜在大气环境下的磨痕形貌。薄膜的磨痕形貌随着反应气体的增加而呈现出先变窄后变宽的现象。在气体流量为 7sccm 时，磨损的痕迹最小，显示出其破坏程度最少。

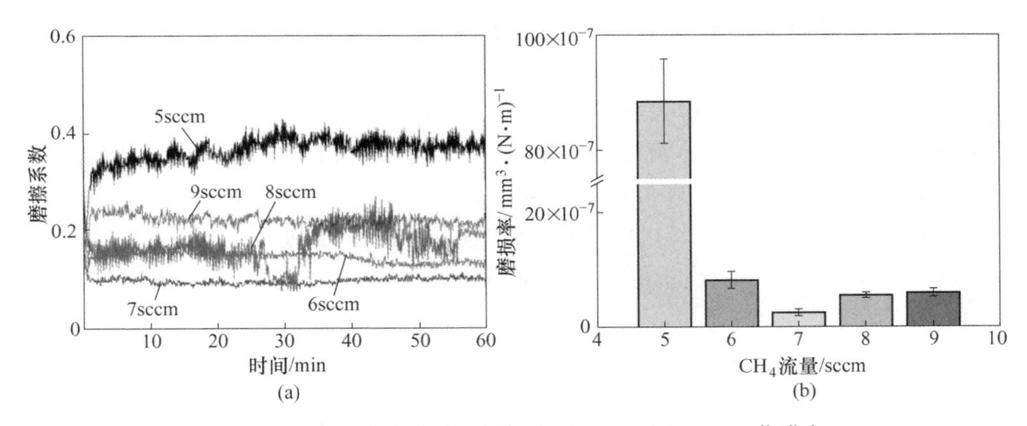

图 4.28 不同甲烷流量下制备的（Cu，Ce）/Ti-DLC 薄膜在大气环境下的摩擦系数（a）和磨损率（b）

DLC 薄膜在摩擦学行为中，薄膜与对偶球的摩擦会发生能量转移，会有部分机械能转化为热能。热能传热会导致 sp^3 杂化键结构中 C—H 单键的断裂，sp^3 杂化向 sp^2 杂化结构转移[19]，有利于 DLC 结构向石墨化的转移，从而降低了摩擦

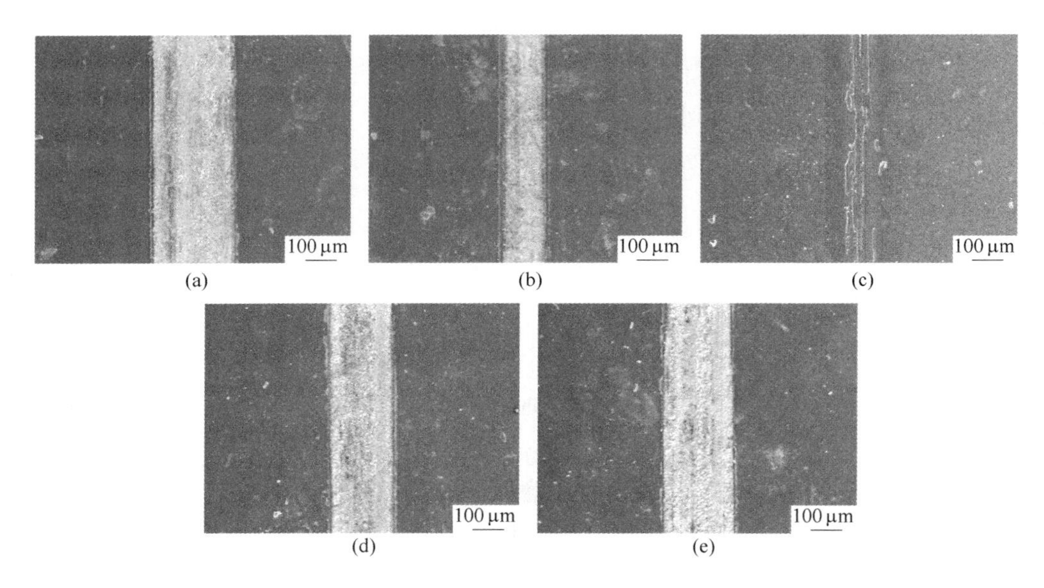

图 4.29　不同甲烷流量下制备的（Cu，Ce）/Ti-DLC 薄膜在大气环境下的磨痕形貌
（a）5sccm；（b）6sccm；（c）7sccm；（d）8sccm；（e）9sccm

系数。同时，对偶小球为 Si_3N_4 陶瓷球，薄膜与 Si_3N_4 对磨过程中存在着转移层，在载荷为 5N 的摩擦条件下，小球与薄膜摩擦接触面中碳膜转移层会表现出致密与均匀性，会减少薄膜与对偶球的直接接触，从而表现出优异的摩擦系数。随着反应气体的流量增大，薄膜结构中 sp^3 键增加，加大了薄膜的内应力[20]，从而在较高的气体流量下，摩擦系数反而变大。

因此，采用真空直流磁控溅射系统通过改变甲烷流量制备的（Cu，Ce）/Ti-DLC 碳基薄膜随着反应气体流量的增加，sp^3 杂化碳的相对含量也随之升高，硬度与弹性模量也随 sp^3 杂化碳含量的升高而变大。当甲烷流量为 7sccm 时，（Cu，Ce）/Ti-DLC 薄膜的摩擦系数和磨损率均达到最低，分别为：0.095 和 $2.53\times10^{-7}mm^3/(N\cdot m)$，显示出很好的工程应用效果。

参考文献

［1］杨国胜，崔凌霄，谢兵，等. 氟对铈基稀土抛光粉性能的影响研究［J］. 稀土，2016，6：80~85.

［2］王幸宜，卢冠忠，金柳伟，等. 二氧化铈对钯汽车催化剂的氧化氮还原性能的影响［J］. 中国稀土学报，1995，2：128~131.

［3］Zhang Z，Zhou H，Guo D，et al. Optical characterization of hydrogen-free CeO_2 doped DLC films deposited by unbalanced magnetron sputtering [J]. Applied Surface Science, 2008, 255 (5): 2655~2659.

[4] Zhang Z, Lu X, Guo D, et al. Microstructure and mechanical properties of CeO_2 doped diamond-like carbon films [J]. Diamond and Related Materials, 2008, 17 (3): 396~404.

[5] Zhang Z, Jia Z, Wang Y, et al. Microstructure and characterization of La_2O_3 and CeO_2 doped diamond-like carbon nanofilms [J]. Surface and Coatings Technology, 2008, 202 (24): 5947~5952.

[6] Yang W, Guo Y, Xu D, et al. Microstructure and properties of (Cr: N)-DLC films deposited by a hybrid beam technique [J]. Surface and Coatings Technology, 2015, 261: 398~403.

[7] Wang Q, Zhou F, Gao S, et al. Effect of counterparts on the tribological properties of TiCN coatings with low carbon concentration in water lubrication [J]. Wear, 2015, 328-329: 356~362.

[8] Kvasnica S, Schalko J, Eisenmenger-Sittner C, et al. Nanotribological study of PECVD DLC and reactively sputtered Ti containing carbon films [J]. Diamond and Related Materials, 2006, 15 (10): 1743~1752.

[9] Shaha K P, Pei Y T, Martinez-Martinez D, et al. Effect of process parameters on mechanical and tribological performance of pulsed-DC sputtered TiC/a-C : H nanocomposite films [J]. Surface and Coatings Technology, 2010, 205 (7): 2633~2642.

[10] Zou C W, Wang H J, Feng L, et al. Effects of Cr concentrations on the microstructure, hardness, and temperature-dependent tribological properties of Cr-DLC coatings [J]. Applied Surface Science, 2013, 286: 137~141.

[11] Qiang L, Gao K, Zhang L, et al. Further improving the mechanical and tribological properties of low content Ti-doped DLC film by W incorporating [J]. Applied Surface Science, 2015, 353: 522~529.

[12] Zhang Z, Zhou H, Guo D, et al. Optical characterization of hydrogen-free CeO_2 doped DLC films deposited by unbalanced magnetron sputtering [J]. Applied Surface Science, 2008, 255 (5): 2655~2659.

[13] Zhang Z, Jia Z, Wang Y, et al. Microstructure and characterization of La_2O_3 and CeO_2 doped diamond-like carbon nanofilms [J]. Surface and Coatings Technology, 2008, 202 (24): 5947~5952.

[14] 刘正兵. 硬质合金表面构筑类金刚石碳膜及其水环境摩擦学性能 [D]. 赣州: 江西理工大学, 2017.

[15] Wu Yangmin, Ma Liqiu, Zhou Shengguo, et al, Effect of methane flow rate on microstructure and tribological properties of (Cu, Ce)/Ti co-doped DLC films fabricated via reactive magnetron sputtering technology [J]. Materials Research Express, 2018, 5: 1~9.

[16] Zhou B, Liu Z B, Piliptsou D G, et al. Structure and optical properties of Cu-DLC composite films deposited by cathode arc with double-excitation source [J]. Diam. Relat. Mater., 2016, 69: 191~197.

[17] Choi H W, Choi J H, Lee K R, et al. Structure and mechanical properties of Ag-incorporated DLC films prepared by a hybrid ion beam deposition system [J]. Thin Solid Films, 2017, 516 (2): 248~251.

[18] Pu J, Zhang G, Wan S, et al. Synthesis and characterization of low-friction Al-DLC films with high hardness and low stress [J]. J. Compos. Mater., 2013, 49 (2): 199~208.

[19] Guo T, Kong C, Li X, et al. Microstructure and mechanical properties of Ti/Al co-doped DLC films: Dependence on sputtering current, source gas, and substrate bias [J]. Appl. Surf. Sci., 2017, 410: 51~59.

[20] Jao J Y, Han S, Yen C C, et al. Bias voltage effect on the structure and property of the (Ti: Cu)-DLC films fabricated by cathodic arc plasma [J]. Diam. Relat. Mater., 2011, 20 (2): 123~129.

5 液相法纳米晶复合非晶碳防腐薄膜

非晶碳薄膜（DLC）作为新型硬质润滑功能防护材料，由于其在机械防护、加工、微电子、光学、磁学等领域具有巨大的应用潜力，一直以来备受人们关注[1]。近年来，非晶碳薄膜可在机械零部件、切削刀具等应用领域作为硬质润滑涂层，并且已经实现部分工业化应用。然而，由于 DLC 薄膜内应力过大，致使膜基结合强度降低甚至涂层脱落，严重制约了 DLC 薄膜的实用化进程。目前已有多种解决方案来改善 DLC 薄膜内应力和强化膜基结合能力，如设计和制备合适的膜基缓冲层或梯度层，可有效缓解膜基界面间的不整合性或线膨胀系数差异产生的应力；将金属或非金属掺入 DLC 薄膜中，有效减少薄膜内部本征应力；DLC 薄膜的后期退火处理，可降低内应力却不同程度地牺牲薄膜的力学性能[2~4]。从实际生产角度出发，向薄膜中掺入金属粒子，不仅可以降低内应力，而且还能调控薄膜的力学、摩擦及其他各种物理化学性能，从而极大拓展 DLC 薄膜的应用领域。目前，掺入到 DLC 薄膜的金属元素主要分布在Ⅳ～Ⅶ族[2~5]，以形成碳化物的形式镶嵌在非晶碳基网络结构中。

功能纳米复合涂层可有效地将功能性纳米材料与表面涂层技术有机整合起来，制备出含纳米颗粒的表面复合涂层，从而有利于扩大纳米材料的应用及提高表面技术的改性效果。将功能性纳米金属颗粒分散到非晶碳基质中，不仅缓解薄膜的内应力，而且有效稳定金属纳米颗粒的尺寸，有效防止团聚及被氧化，有利于充分发挥金属纳米颗粒的特性[6]；另一方面，金属纳米颗粒的添加，可以调控 DLC 薄膜内部结构，在保持 DLC 薄膜本征特性外，赋予 DLC 薄膜新的电子学、光学、磁学等方面的功能[7]。因此，随着表面工程和纳米科技的发展，开发新型 DLC 纳米复合薄膜，必将极大满足和促进传统冶金机械设备和高新技术产业的可持续发展。

磁功能纳米复合涂层作为纳米复合涂层中的一个分支，在磁性数据存储、微波损耗材料、静电复印术和磁性共振影像传输等领域已展现出具有巨大的应用前景[7]。磁性纳米粒子（如 Ni、Co 等）具有不同于常规材料的独特效应，如量子尺寸效应、表面效应、小尺寸效应及宏观量子隧道效应等，可以致使金属纳米颗粒表现出新颖的理化特性[8]。如将纳米颗粒掺入 DLC 薄膜中，借助 DLC 薄膜良好的化学惰性，可以有效防止纳米金属颗粒团聚及被氧化，避免周围环境的影响；而且 DLC 薄膜可以将磁性纳米金属颗粒彼此隔开，避免贴近的磁单元间由于相互作用而产生负面问题[9]。这种复合涂层不但没有改变 DLC 薄膜内部结构，而且在磁学领域极大发挥 DLC 纳米复合薄膜的综合性能。

目前，在工件表面上构筑掺杂金属的非晶碳（Me-DLC）薄膜的主流气相技术为微波等离子体气相沉积（MPCVD）、金属靶和石墨靶的共溅射沉积及离子注入工艺[10~12]。然而，沉积过程中经常生成金属碳化物镶嵌在非晶碳基网络中，严重削弱了纳米颗粒的功能性；在气相沉积 Me-DLC 薄膜过程中，经常出现所谓的“靶中毒”现象，严重影响着金属纳米颗粒在膜中的分散均匀度。对于液相电化学沉积技术而言，在低温常压条件下，液相反应不仅易于控制，而且易于掺杂，从而实现涂层的复合化。如 Jiang 等人采用络铜盐（$[Cu(CH_3CN)_4]ClO_4$）的乙腈溶液作为电解液，制备 Cu-DLC 复合薄膜[13]；Chen 等人采用 Au-甲醇溶液作为电解液，在电场及机械搅拌作用下，沉积得到 Au-DLC 复合薄膜[14]。因此，采用电化学沉积工艺，构筑 Me-DLC 薄膜具有十分重要的意义。

本章采用液相电化学沉积工艺，在衬底材料表面构筑纳米晶复合非晶碳 DLC 防腐薄膜，并借助 XPS、SEM、Raman 和 TEM 等分析技术，系统地研究这类薄膜的微观结构和性能。

5.1　镍纳米晶复合非晶碳 Ni/a-C：H 防腐薄膜

5.1.1　Ni/a-C：H 薄膜的制备过程

在沉积前，衬底材料依次用甲醇、10%HF 水溶液、甲醇超声清洗 5min，最后用 N_2 吹干。本实验选用分析纯甲醇试剂作为碳源，选择阿法埃莎生产的乙酰丙酮镍（Ⅱ）作为掺杂剂。分别采用不同质量浓度的乙酰丙酮镍（Ⅱ）甲醇溶液作为沉积含一元磁性纳米颗粒的 DLC 复合薄膜的前驱体，在施加电压 1200 V 下沉积薄膜。将处理好的衬底材料固定在阴极石墨电极上，调节两电极间的距离约为 8mm，添加电解液至阴端与液面间的距离为 10~15mm，水浴锅温度控制为 55℃，正确连接电解池的正负极和直流高压电源的正负极，待通入惰性气体 15min 后，检查电源连接无误，开启电源和冷却水。沉积 8h 后即可获得黑色或灰黑色的薄膜。

沉积过程中，乙酰丙酮镍（Ⅱ）甲醇溶液在高压下电解成 CH_3^+ 和 Ni^{2+}，在电场作用下向阴极移动，在衬底材料上沉积形成非晶碳薄膜[15]。实验过程中，电解液的电流密度随着乙酰丙酮镍（Ⅱ）甲醇溶液浓度的升高而增大。整个沉积过程可用下列方程式表示：

$$CH_3OH \rightarrow CH_3^+ + OH^- \tag{5-1}$$

$$Ni(C_5H_7O_2)_2 \rightarrow Ni^{2+} + 2(C_5H_7O_2)^- \tag{5-2}$$

$$mNi^{2+} + nCH_3^+ + (2m+n)e^- \rightarrow mNi/a\text{-}C:H \text{ 薄膜} \tag{5-3}$$

5.1.2 Ni/a-C：H 薄膜的表面形貌

从 Ni/a-C：H 薄膜的 SEM 图像（图 5.1（a），（b））可以看出，薄膜表面非常粗糙，形态为平均直径在百纳米的不规则类花瓣状结构，这意味着薄膜表面形态为分层的微纳米结构。研究结果表明，这种结构可以导致较大的接触角和较小的滑动角度，因为这种不规则的类花瓣状结构有利于保留水滴下的空气，从而使得薄膜表面的水滴迅速滚下。因此，这种层状微纳米分层结构有利于 Ni/a-C：H 薄膜获得超疏水性能。层状微纳米分层结构模型图如图 5.1（c）和（d）所示，其中空气被捕获在表面上的水滴之下。

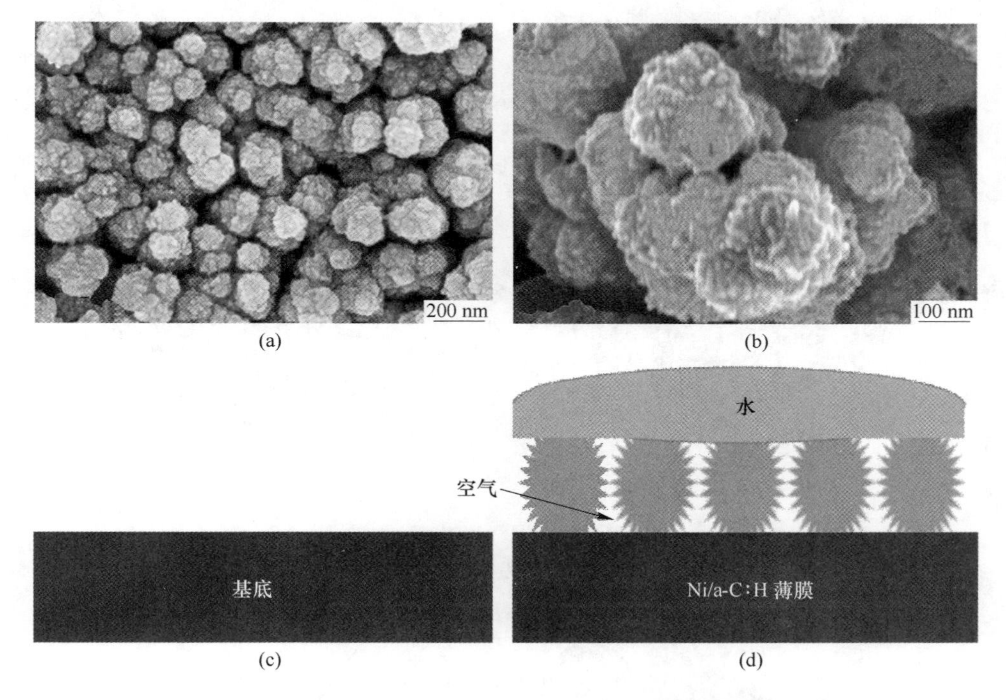

图 5.1　Ni/a-C：H 薄膜的 SEM 图和层状微纳米分层结构模型图
（a），（b）SEM 图；（c），（d）层状微纳米分层结构模型图

图 5.2（a）~（e）给出了 Ni/a-C：H 薄膜的表面形貌图，薄膜表面均由粒径不一的颗粒组成，纳米金属颗粒的掺杂促使薄膜表面粗糙度大幅度增加。Yan 等人认为碳异相杂质掺入非晶碳基网络中，会破坏碳颗粒的沉积均一性，致使薄膜表面形貌发生变化。随着乙酰丙酮镍（Ⅱ）甲醇溶液浓度的增加，薄膜表面碳颗粒粒径呈先减小再增大的趋势，促使 Ni/a-C：H 薄膜的表面粗糙度变化很大；当浓度超过 0.08mg/mL 后，薄膜的粗糙度反而增大。而 0.06mg/mL 沉积的 Ni/a-C：H 薄膜则较为光滑，意味着乙酰丙酮镍的含量对薄膜表面形貌变化具有

重要作用。随着浓度的增加，使得薄膜的颗粒粒径增大，进而使得薄膜表面粗糙化。在电化学沉积 Ni/a-C：H 薄膜过程中，薄膜主要以岛状模式生长，使得薄膜表面粗超度较大且晶粒粗大，由于生长过程中存在一平稳阶段，使得薄膜粗糙度反而降低，但又由于阴极多发生析氢反应，导致阴极薄膜表面富集的氢离子对 Ni/a-C：H 薄膜具有一定的蚀刻作用，致使薄膜不均匀，且浓度越高，原子更易富集，析氢反应更易发生[16]，薄膜更不均匀。

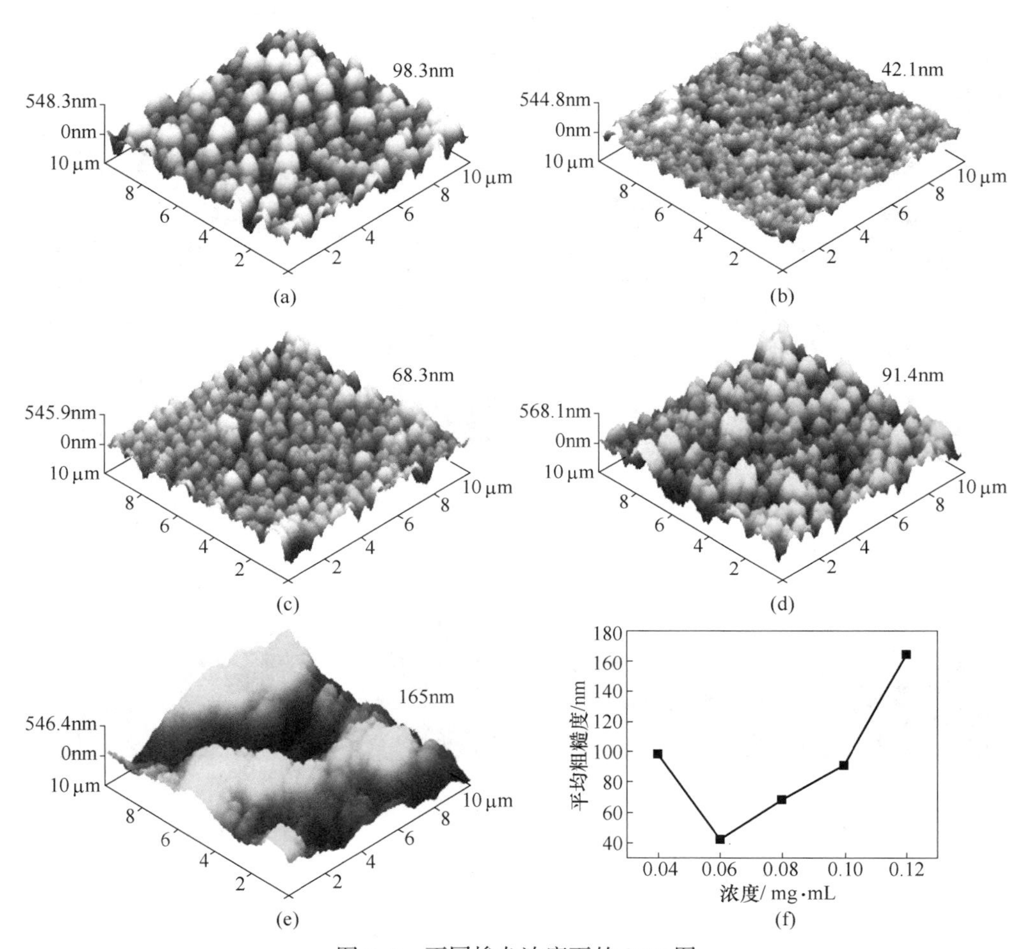

图 5.2 不同掺杂浓度下的 SPM 图

（a）0.04mg/mL；（b）0.06mg/mL；（c）0.08mg/mL；（d）0.10mg/mL；（e）0.12mg/mL；（f）Ni/a-C：H 薄膜平均粗糙度随浓度的变化规律

5.1.3 Ni/a-C：H 薄膜的结构表征

图 5.3 显示了乙酰丙酮镍（Ⅱ）甲醇溶液浓度为 0.08mg/mL 时的 Ni/a-C：

H 薄膜的 TEM 图像。可以看出，Ni/a-C：H 薄膜存在明显的晶格条纹，这意味着镍颗粒被嵌入到无定形碳基体中，形成了非晶/纳米晶的微观结构。图 5.3 的晶格条纹的值为 0.15nm，对应于镍的（2 2 0）晶面。这表明单质镍存在于无定形碳膜中。镍颗粒表现为 2~5nm 的晶粒尺寸，这也说明了具有化学惰性的 Ni/a-C：H 薄膜更好地稳定了金属颗粒的团聚。根据 HRTEM 的分析，可以判断出所制备的 Ni/a-C：H 复合薄膜是一种低维碳纳米材料。

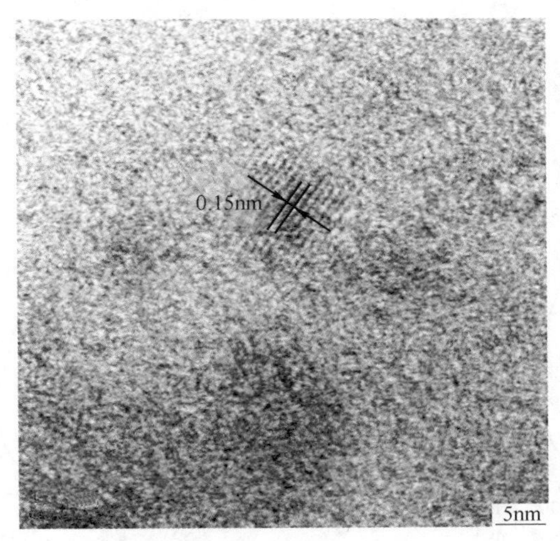

图 5.3 乙酰丙酮镍（Ⅱ）甲醇溶液为 0.08mg/mL 时的 Ni/a-C：H 薄膜的高分辨 TEM 图像

拉曼光谱是鉴定金刚石、石墨和 DLC 等碳基材料微结构的最佳分析工具。它可以提供每个分峰位置和相应的峰强度、半峰宽和 I_D/I_G 等信息。如图 5.4 所示，在不同浓度下得到的 Ni/a-C：H 薄膜均在 1350cm^{-1} 和 1580cm^{-1} 附近出现相应的 D 峰和 G 峰，表明电化学沉积的 Ni/a-C：H 薄膜均具有类金刚石结构。随着浓度的增加，G 峰向高波数移动，同时 G 峰半峰宽呈下降趋势，I_D/I_G 的比值从 1.15 增大到 2.68。说明 Ni 纳米颗粒成功掺入到非晶碳基薄膜中，并促进薄膜中芳香环式结构的 sp^2 键形成，致使薄膜从类金刚石结构向类石墨结构转化[17]。Robertson 认为，G 峰的半高宽可以作为石墨无序度的判断标准，G 峰的半高宽将随无序度的减弱而减小[18]。可见，掺入 Ni 纳米颗粒后薄膜的无序度均有所增加，并且对薄膜中 sp^2-C 团簇具有催化作用，使得无序度没有发生大的变化，且使得 G 峰向高波数偏移，同时 I_D/I_G 数值达到 1.48 左右，且拉曼光谱呈对称的双峰型，表明薄膜中六元环石墨相成分含量极高，这可能与薄膜中掺入 Ni 纳米颗粒的催化性能有关。

利用 XPS 测试技术对复合薄膜的化学组成及化学状态进行了分析。如图 5.5 所示，对薄膜的 C 1s 精细谱进行拟合，解析出三个峰：sp^2-C(284.3~285.0eV)、

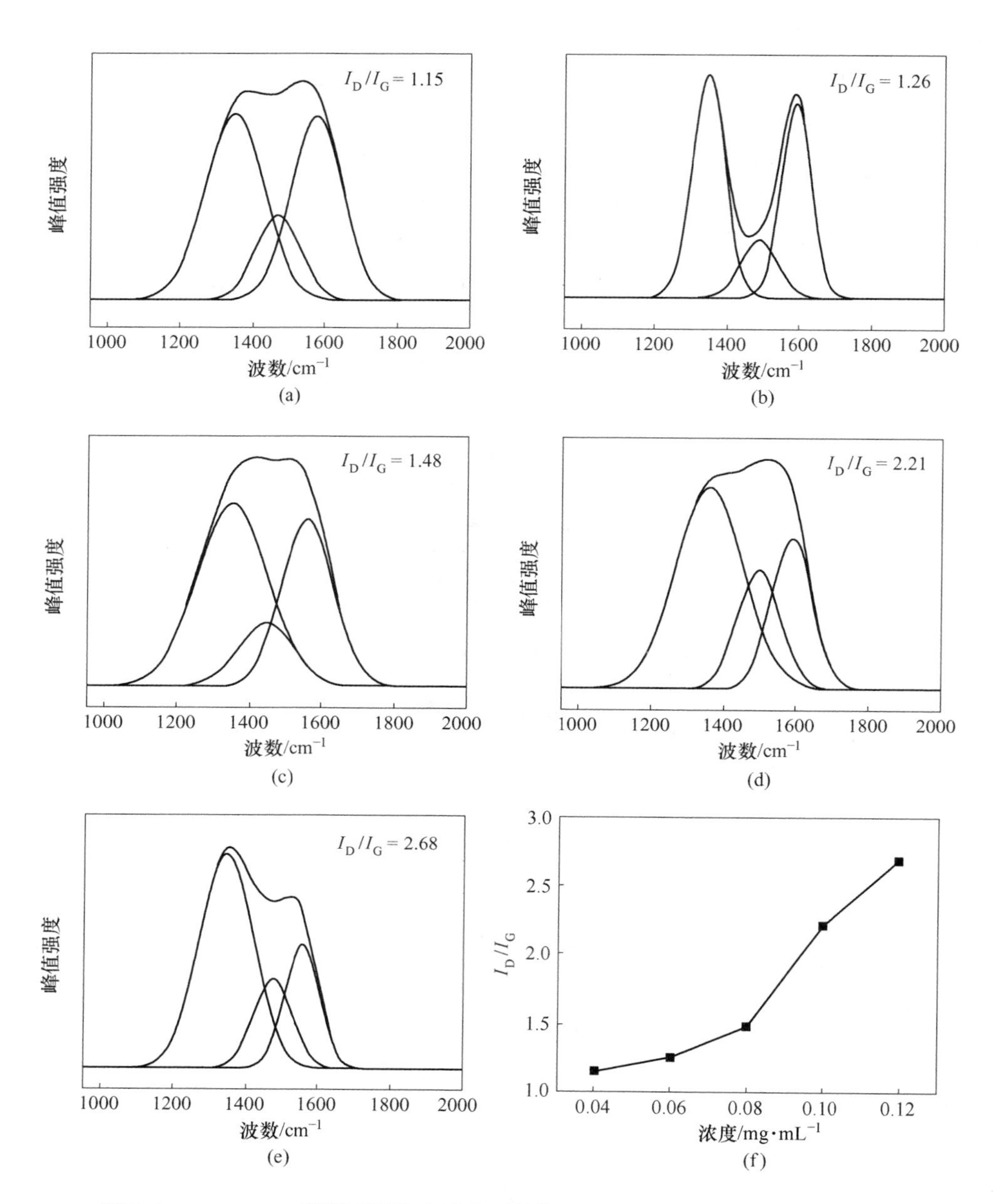

图 5.4　Ni/a-C：H 薄膜不同掺杂浓度下的拉曼光谱图和 I_D/I_G 值的变化规律

（a）0.04mg/mL；（b）0.06mg/mL；（c）0.08mg/mL；（d）0.10mg/mL；（e）0.12mg/mL；（f）Ni/a-C：H 薄膜 I_D/I_G 值随浓度的变化规律

sp^3-C(285.1～285.6eV)、C—O 或 C ═O(286.0～289.0eV)，拟合曲线与实验曲线相吻合[19]。可以看出，sp^2/sp^3 比率随着溶液沉积浓度的增加而增加。结果证实，sp^2杂化碳含量随着无定形碳基体中镍含量的增加而增加，这也进一步表明 Ni/a-C：H 薄膜具有更多的石墨结构。使 Ni/a-C：H 薄膜由类金刚石结构转变为石墨化结构，可能促进石墨化纳米碳在无定形碳基体中的存在。

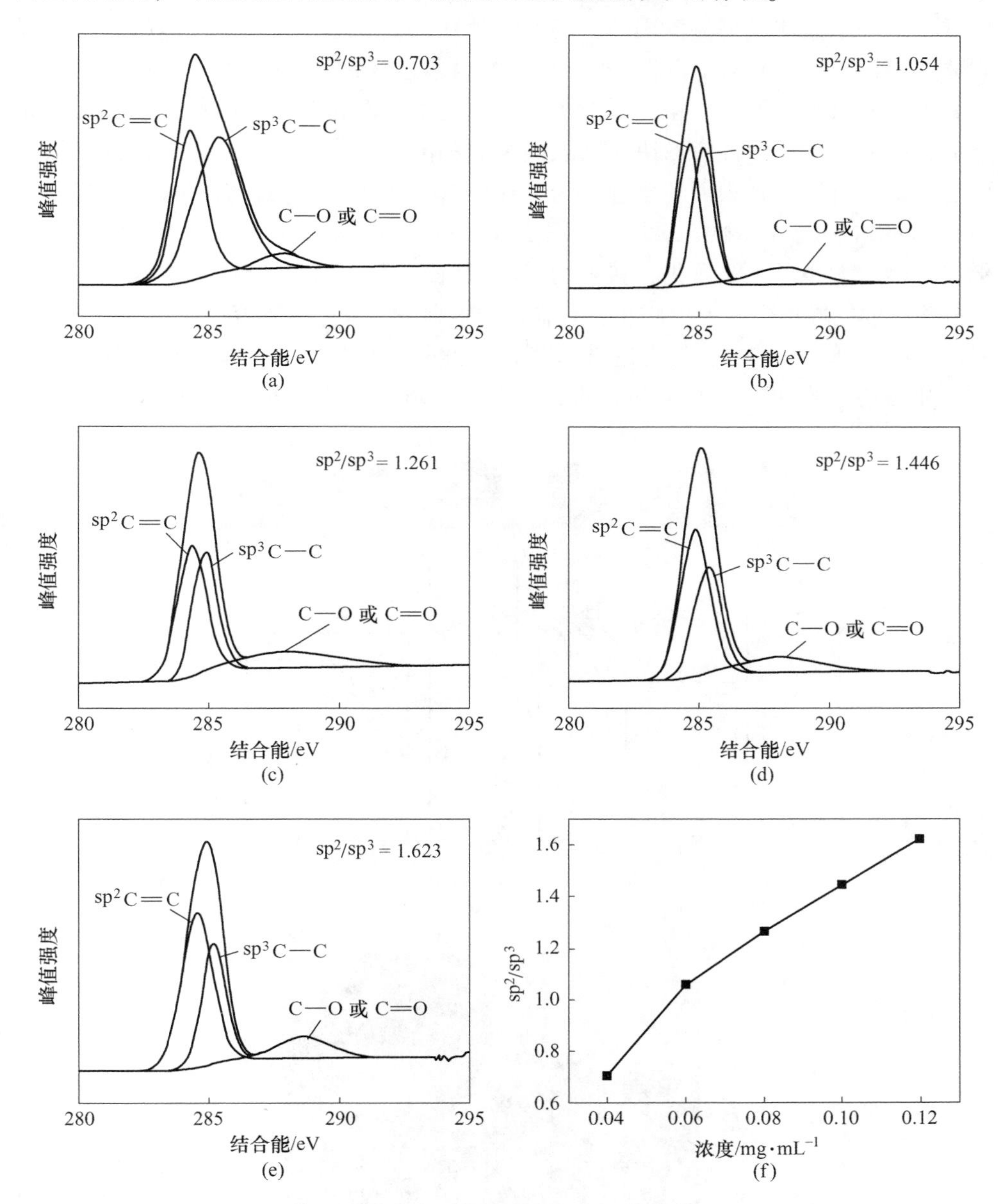

图 5.5 Ni/a-C：H 薄膜不同掺杂浓度下的 XPS-C1s 光谱图和 sp^2/sp^3 值的变化规律

（a）0.04mg/mL；（b）0.06mg/mL；（c）0.08mg/mL；（d）0.10mg/mL；（e）0.12mg/mL；（f）Ni/a-C：H 薄膜 sp^2/sp^3值的变化规律

5.1.4　Ni/a-C：H 薄膜的润湿性

接触角是润湿程度的量度，其大小可以反映液体对固体表面的润湿情况，其值越小，表示液体越易润湿固体，润湿性越好；其值越大，表示液体越不易润湿固体。根据 Cassie-Baxter 方程知[20,21]，可以通过控制表面微观结构和表面组成来获得超疏水性。而且，粗糙度对于制备超疏水表面起着重要的作用。通常，无定形碳基薄膜的润湿性应取决于其表面组成和微观结构，并且通过引入具有低表面能的物质可以增强表面疏水性。为了评估 Ni/a-C：H 薄膜的润湿性，本实验使用 5μL 的水滴进行接触角的测定。图 5.6（a）是不同浓度下 Ni/a-C：H 薄膜的平均接触角大小。不难看出，接触角随着溶解在甲醇溶液中的乙酰丙酮镍（Ⅱ）电解液浓度的增加先增大后减小，且在乙酰丙酮镍（Ⅱ）甲醇溶液浓度为 0.08mg/mL 达到最大值 154.21°，具有超疏水性能。此外，Ni/a-C：H 薄膜在乙酰丙酮镍（Ⅱ）甲醇溶液浓度为 0.08mg/mL 的滚动角为 7.96°，如图 5.6（b）所示。

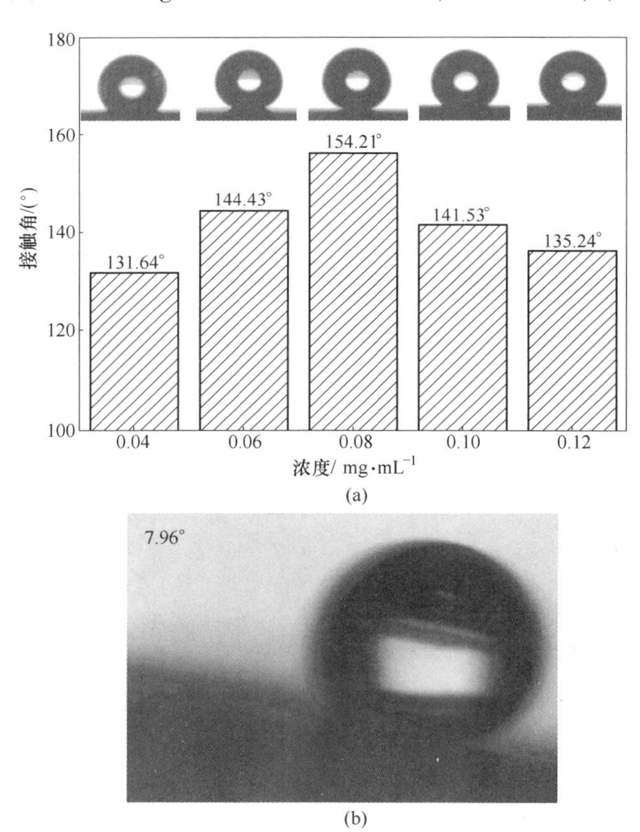

图 5.6　不同浓度下 Ni/a-C：H 薄膜的平均接触角大小（a）和掺杂液浓度为 0.08mg/mL 时 Ni/a-C：H 薄膜的滚动角（b）

5.1.5 Ni/a-C：H 薄膜的自清洁力

自清洁能力在超疏水薄膜的应用中起到举足轻重的作用。图 5.7 有效地说明了在 0.08mg/mL 浓度下沉积的 Ni/a-C：H 薄膜的自清洁过程。如图 5.7（a）所示，超疏水 Ni/a-C：H 薄膜放置于左侧，无薄膜的衬底材料置于右侧，将粉笔灰用作污染物。首先，将水滴（约 0.05mm）滴在用粉笔覆盖的薄膜表面上。可以清楚地看到，水滴携带粉笔灰迅速滚落，超疏水 Ni/a-C：H 薄膜的低黏附性可以解释这种现象。随后，Ni/a-C：H 薄膜变干净并恢复了初始超疏水性能。然而，水滴滴在用粉笔灰覆盖无薄膜的衬底上时，无薄膜的衬底不具有自清洁能力。这种现象的最重要的因素应该是添加纳米尺寸的镍颗粒可以在薄膜的表面上形成松锥状结构。松锥状结构不仅具有较大的微观粗糙度，而且对于 Ni/a-C：H 薄膜也表现出较低的表面能。特别地，微结构周围的空气可以减少水滴与超疏水表面之间的接触面积，使得水滴可以很容易地将超疏水膜上的灰尘带走。结果表明，这种超疏水 Ni/a-C：H 薄膜具有较好的自清洁性能，说明这种超疏水 Ni/a-C：H 薄膜在防污领域具有潜在的应用前景。

图 5.7 Ni/a-C：H 薄膜的自清洁过程

5.1.6 Ni/a-C：H 薄膜的腐蚀性能

图 5.8 显示了在不同浓度的含镍溶液中沉积的 Ni/a-C：H 薄膜的腐蚀行为。

所有样品在质量分数为 3.5% NaCl 水溶液中浸泡 2h，以确保样品在腐蚀介质中稳定。腐蚀电位（E_{corr}）和腐蚀电流密度（I_{corr}）通过 Tafel 区域曲线计算并总结在表 5-1 中。一般来讲，腐蚀电流密度越低，腐蚀电位越高，薄膜的耐腐蚀性更强。根据图 5.8 和表 5-1 可知，薄膜的腐蚀电位随着浓度的增加先微小变化后，在镍浓度为 0.12mg/mL 时发生骤变，腐蚀电位急剧升高。此外，在 0.08mg/mL 浓度下沉积的 Ni/a-C：H 薄膜的腐蚀电流密度最小，约为 7.400×10^{-10} A/cm^2，比其他浓度下制备的薄膜降低了两个数量级，表明在 0.08mg/mL 浓度下沉积的 Ni/a-C：H 薄膜在 3.5%的 NaCl 水溶液中更难发生腐蚀反应，即在 0.08mg/mL 浓度下沉积的 Ni/a-C：H 薄膜具有优异的耐腐蚀性能。

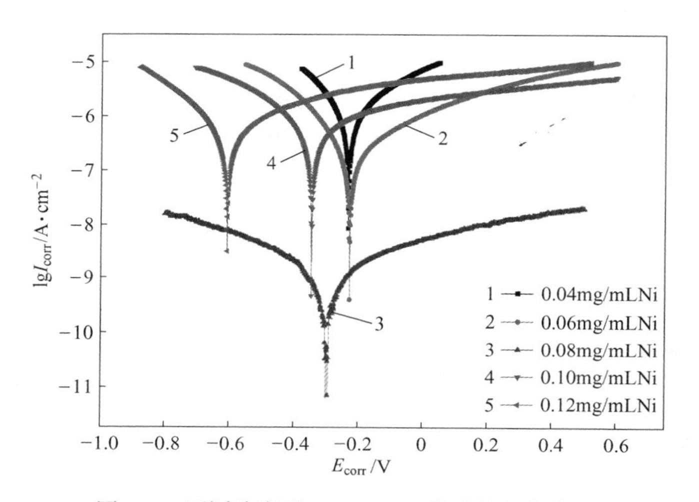

图 5.8　不同浓度下 Ni/a-C：H 薄膜的极化曲线

表 5-1　不同浓度下 Ni/a-C：H 薄膜的腐蚀电位（E_{corr}）和腐蚀电流密度（I_{corr}）

Ni 浓度/mg · mL^{-1}	0.04	0.06	0.08	0.10	0.12
I_{corr}/A · cm^{-2}	1.044×10^{-6}	1.837×10^{-7}	7.400×10^{-10}	4.334×10^{-7}	4.577×10^{-7}
E_{corr}/V	−0.232	−0.228	−0.300	−0.346	−0.607

本实验采用乙酰丙酮镍（Ⅱ）的甲醇溶液作为前驱体，在低温、大气压条件下，利用电化学沉积工艺一步合成含低维碳簇的 Ni/a-C：H 复合薄膜。SPM，TEM，拉曼和 XPS 分析表明复合薄膜中有低维碳簇自发生长，且镶嵌在非晶碳基网络中，形成新颖的低维碳簇纳米材料 DLC 复合薄膜。并且在乙酰丙酮镍（Ⅱ）的甲醇溶液浓度为 0.08mg/mL 时表面颗粒比较均匀，接触角达最大值 154.21°，滚动角为 7.96°，表现出优异的超疏水性能。腐蚀测试、自清洁测试表明这种在 0.08mg/mL 浓度下沉积的 Ni/a-C：H 纳米复合薄膜有优异的耐腐蚀性能和自清洁能力，极大地拓展了其在减阻、自清洁、耐腐蚀等方面的应用。

5.2 钴纳米晶复合非晶碳 Co/a-C：H 防腐薄膜

5.2.1 Co/a-C：H 薄膜的制备过程

在沉积前，衬底材料依次用甲醇、10%HF 水溶液、甲醇超声清洗 5min，最后用 N_2 吹干。本实验选用分析纯甲醇试剂作为碳源，选择阿法埃莎生产的乙酰丙酮钴（Ⅱ）作为掺杂剂。采用质量浓度为 0.10mg/mL，乙酰丙酮钴（Ⅱ）甲醇溶液作为沉积含一元磁性纳米颗粒的 DLC 复合薄膜的前驱体，在施加电压 1200V 下沉积薄膜。将处理好的衬底材料固定在阴极石墨电极上，调节两电极间的距离约为 8mm，添加电解液至阴端与液面间的距离为 10~15mm，水浴锅温度控制为 55℃，正确连接电解池的正负极和直流高压电源的正负极，待通入惰性气体 15min 后，检查电源连接无误，开启电源和冷却水。沉积 8h 后即可获得黑色或灰黑色的薄膜[22]。

在电沉积过程中，游离的甲基离子在阴极表面发生电化学反应，释放大量热量，引起甲醇气化，并在电极表面形成大量的气相微区。气相活性微区形成强电场，促进甲醇解离，加速薄膜的沉积。方程式（5-4）~式（5-6）反映电化学反应过程：

$$Co(C_5H_7O_2)_2 \longrightarrow Co^{2+} + 2(C_5H_7O_2)^- \tag{5-4}$$

$$CH_3OH \longrightarrow CH_3^+ + OH^- \tag{5-5}$$

$$mCo^{2+} + nCH_3^+ + (2m+n)e^- \longrightarrow mCo/a\text{-}C:H\ 薄膜 \tag{5-6}$$

5.2.2 Co/a-C：H 薄膜的表面形貌

图 5.9(a)~(d)所示为超疏水 Co/a-C：H 薄膜的 SEM 图像。从图中可以看出，薄膜表面有大量细小的微粒（图 5.9（a）），布满微粒的表面较粗糙，由平均直径为 1~2μm 的松果状结构组成（图 5.9（b），（c））。此外，表面的松果状结构包含大量不规则的花瓣结构（图 5.9（d）），这说明松果状结构是分层的微纳米结构。结果表明，这种结构可使接触角增大，滑动角减小。图 5.9（e）是 Co/a-C：H 薄膜的 SPM 图像（10×10μm^2）。从图中可以看出，Co/a-C：H 薄膜的平均粗糙度为 144nm，表面较光滑，并覆有小颗粒。根据 Wenzel Cassie 方程[20,21]，可以通过控制材料表面的化学组成和微观结构获得超疏水膜。对于衬底材料，粗糙度是制备超疏水涂层的关键因素。图 5.9（f）表明 Co/a-C：H 薄膜的接触角达到（153±1)°、滑动角达到 7.6°，这是由于薄膜表面的“荷叶效应”[23]，与纯 DLC 薄膜相比，性能有很大的提升。

根据上述分析，松果状结构有利于保持水滴下面的空气，从而减小水滴与薄膜表面的接触面积。因此，分层的纳米结构可以解释 Co/a-C：H 薄膜的超疏水

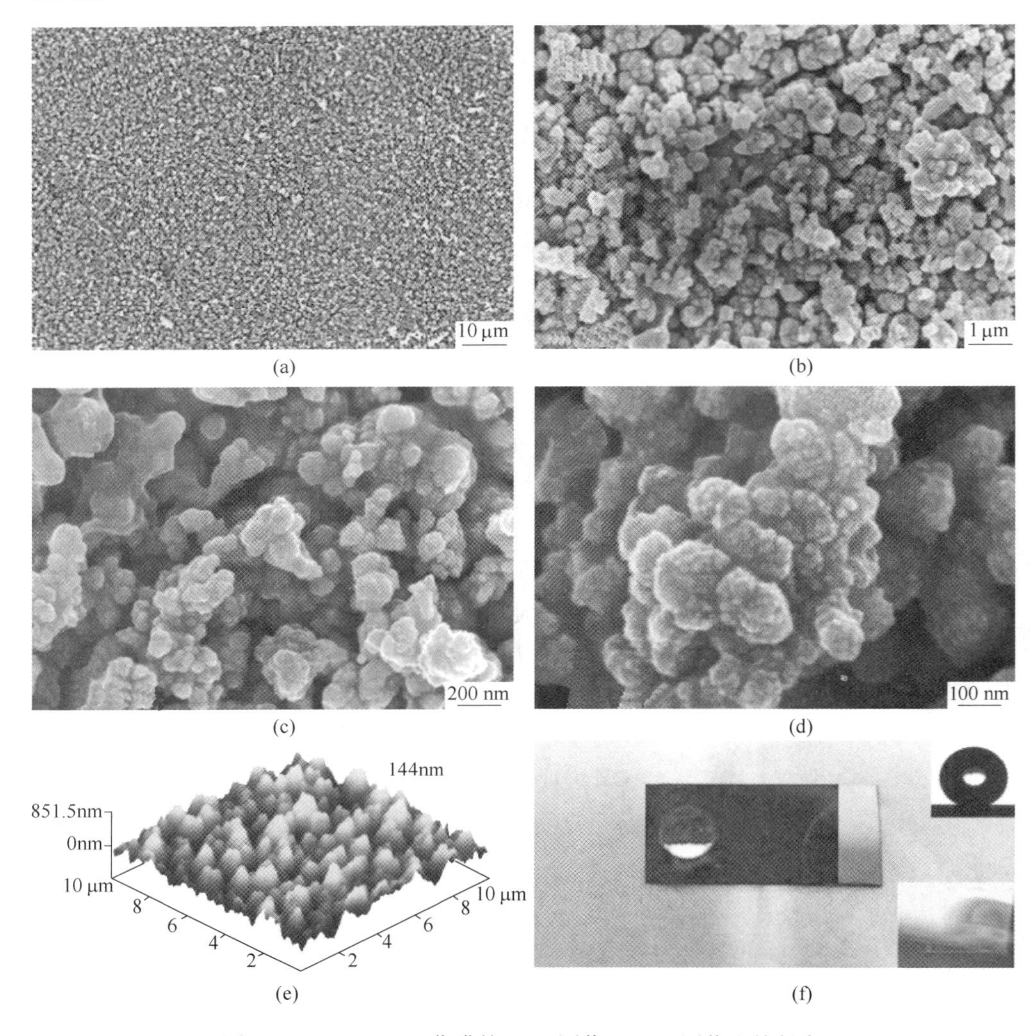

(a)　(b)　(c)　(d)　(e)　(f)

图 5.9　Co/a-C：H 薄膜的 SEM 图像、SPM 图像和接触角

（a）～（d）SEM 图像；（e）SPM 图像；（f）接触角

现象。如图 5.10 所示，空气可以保留在水滴与表面之间。

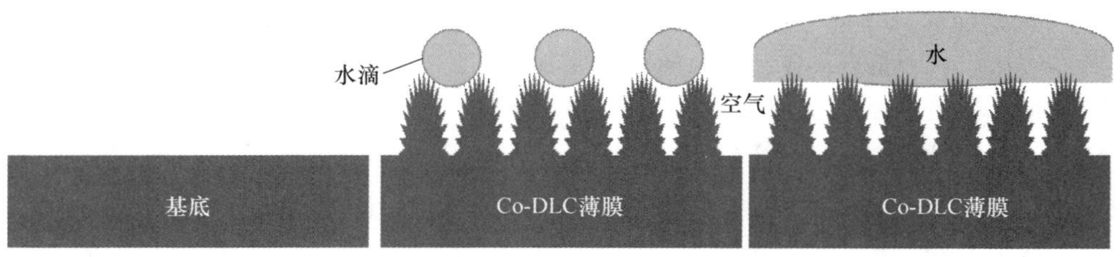

图 5.10　Co/a-C：H 薄膜超疏水原理

5.2.3 Co/a-C：H 薄膜的结构表征

图 5.11 显示了 Co/a-C：H 薄膜的 HRTEM 图像。可以看出，Co/a-C：H 薄膜存在明显的晶格条纹，这意味着钴颗粒嵌入了无定形碳基体中，形成非晶/纳米晶的微观结构。图 5.11 的晶格条纹的间距为 0.20nm，对应于 Co 的（1 1 1）晶面。这些都证实了钴单质被成功地镶嵌在无定形碳基质中以形成无定形/纳米晶微结构。

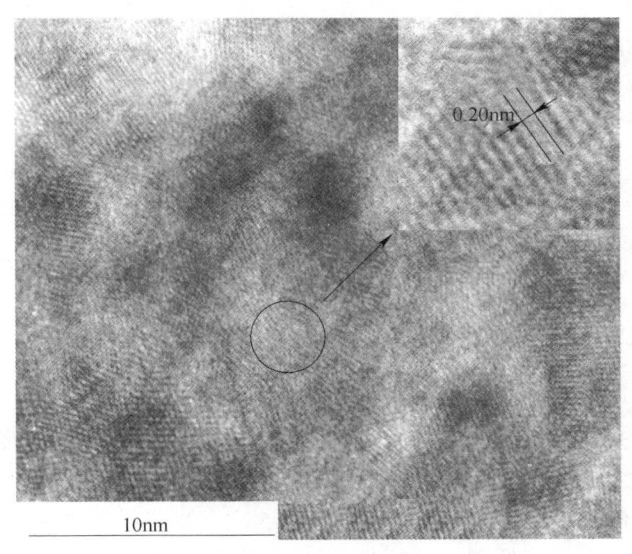

图 5.11 Co/a-C：H 薄膜的 HRTEM 图像

为了更好地分析薄膜表面的结构，我们用拉曼光谱来表征所制备好的薄膜。如图 5.12 所示，拉曼光谱在修正背景后可以拟合成高斯分布的亚峰。显然，在拉曼光谱中有两个峰：D 峰（约 1380cm^{-1}）、G 峰（约 1570cm^{-1}）。此外，I_D/I_G（D 峰和 G 峰的相对强度）比值为 1.275，表明其是典型的类金刚石碳膜结构。图 5.13 给出了所制备薄膜的 XPS 光谱分析结果。如图 5.13（a）所示，显然在曲线拟合的 C1s 光谱中出现了三个峰 sp^2 C ═C（284.3eV）、sp^3 C—C

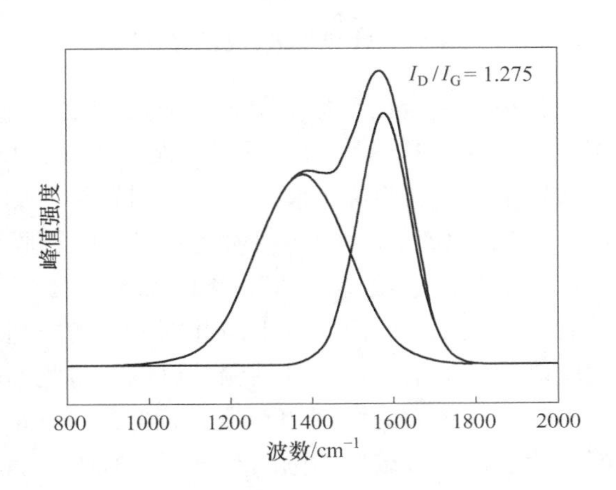

图 5.12 Co/a-C：H 薄膜的拉曼光谱

（285.3eV）、C—O 或 C ═O （288.6eV）。所制备的薄膜的相应 sp^2/sp^3 值为 1.02。Co2p 精细谱图如图 5.13（b）所示，$Co2p_{3/2}$ 和 $Co2p_{1/2}$ 峰分别位于 778.2eV 和 793.3eV 处。

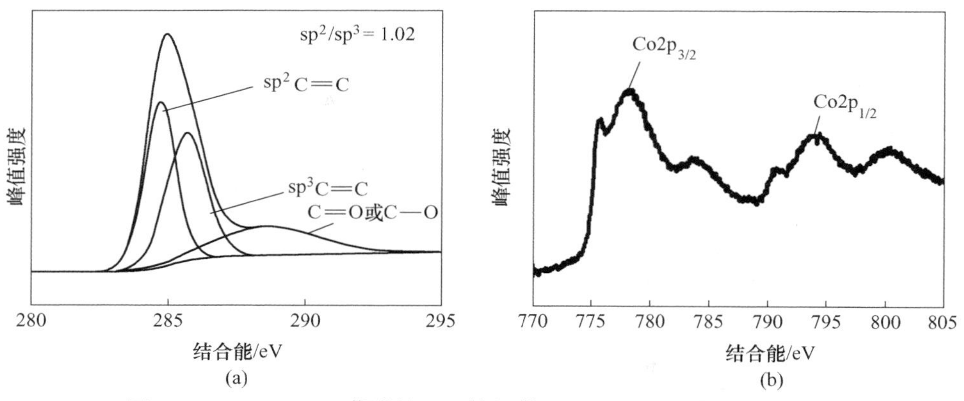

图 5.13　Co/a-C：H 薄膜的 C1s 精细谱（a）和 Co2p 精细谱（b）

5.2.4　Co/a-C：H 薄膜的结合力

图 5.14 显示了 Co/a-C：H 薄膜的胶带黏结测试。图 5.14（a）显示了没有采用胶粘剂测试的 Co/a-C：H 薄膜的疏水性，表现出（153±1）°的水接触角。图 5.14（b）是经过一次胶带黏结测试后的效果图，此时 Co/a-C：H 薄膜仍具有超疏水性，水接触角为（151±1）°。图 5.14（c）是经过 5 次胶带黏结测试后的效果图，Co/a-C：H 薄膜的水接触角降低到（137±1）°，结果表明 Co/a-C：H 薄膜的黏结力很好。

5.2.5　Co/a-C：H 薄膜的自清洁力

自清洁能力在超疏水薄膜的应用中起到举足轻重的作用。图 5.15 有效地说明了 Co/a-C：H 薄膜的自清洁过程。如图 5.15（a）所示，超疏水 Co/a-C：H 薄膜放置于左侧，将无薄膜的衬底材料置于右侧，将粉笔灰用作污染物。首先，将水滴（约 0.05mm）滴在用粉笔灰覆盖的薄膜表面上。可以清楚地看到，用水滴携带粉笔灰迅速滚落，超疏水 Co/a-C：H 薄膜的低黏附性可以解释这种现象。随后，Co/a-C：H 薄膜变干净并恢复了初始超疏水性能。这种现象的最重要的因素应该是添加纳米尺寸的钴颗粒可以在薄膜的表面上形成松锥状结构，松锥状结构不仅具有较大的微观粗糙度，而且对于 Co/a-C：H 薄膜也表现出较低的表面能。特别地，微结构周围的空气可以减少水滴与超疏水表面之间的接触面积，使得水滴可以很容易地将超疏水膜上的灰尘带走。结果表明，这种超疏水 Co/a-C：H薄膜具有较好的自清洁性能，说明这种超疏水 Co/a-C：H 薄膜在防污领域具有潜在的应用前景。

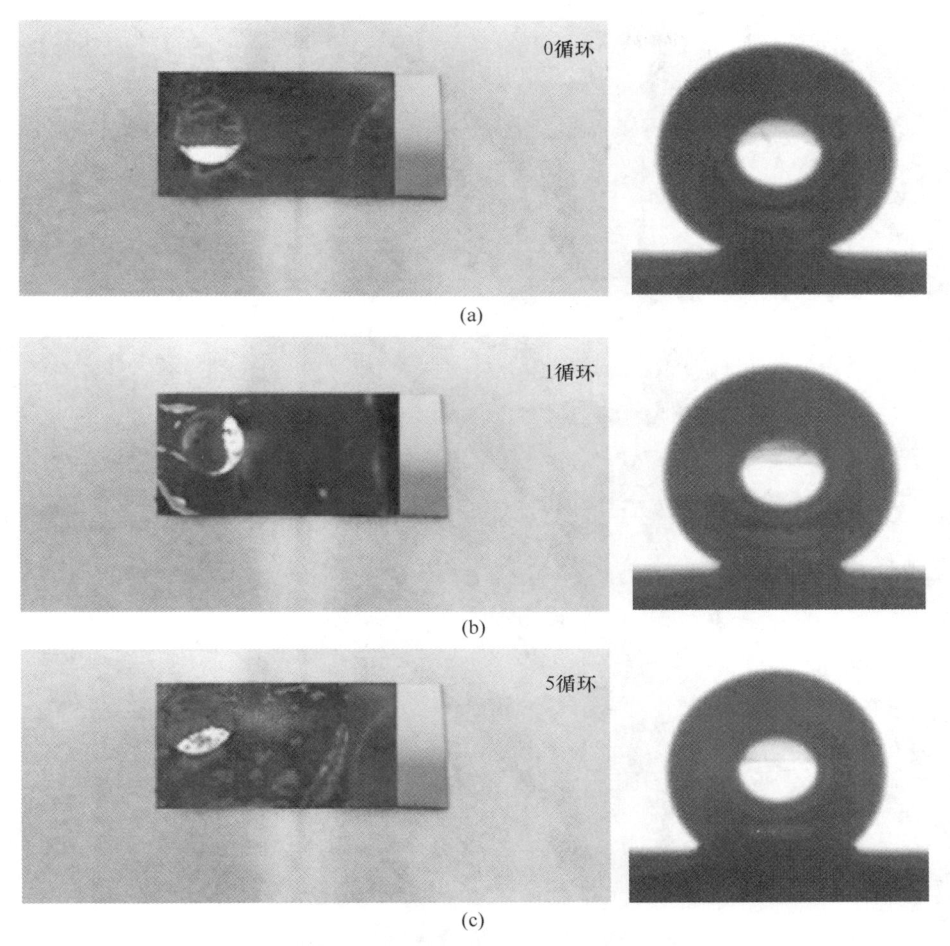

(a)

(b)

(c)

图 5.14 Co/a-C：H 薄膜的胶带黏结测试过程

5.2.6 Co/a-C：H 薄膜的腐蚀性能

图 5.16 评估了超疏水 Co/a-C：H 薄膜与纯 DLC 薄膜相比的腐蚀行为。所有样品在 3.5%的 NaCl 水溶液中浸泡 2h，以确保样品在腐蚀介质中保持稳定。通过 Tafel 曲线计算腐蚀电位（E_{corr}）和腐蚀电流密度（I_{corr}），其结果总结在表 5-3 中。一般而言，当腐蚀电流密度较低且腐蚀电位越偏正时，薄膜的耐腐蚀性可以更强。从图 5.16 和表 5-2 中可以看出，超疏水 Co/a-C：H 薄膜的腐蚀电流密度约为 1.208×10^{-9}A/cm^2，比纯 DLC 薄膜降低了 94.36%，表明超疏水 Co/a-C：H 薄膜具有更好的耐蚀性。同样发现超疏水 Co/a-C：H 薄膜的腐蚀电位为 −0.296V，比纯 DLC 薄膜提高了 17.55%。耐腐蚀机理可能与膜的疏水性有关[23]，腐蚀性能的变化可能与疏水性相似。由于浸入侵蚀性溶液中的固体表面

图 5.15　Co/a-C：H 薄膜的自清洁过程

上的润湿面积低，超疏水表面团簇之间可以捕集空气作为有效的屏障，可以使腐蚀介质远离薄膜表面并为薄膜提供更好的防腐蚀保护。这些结果表明超疏水性 Co/a-C：H 薄膜比纯 DLC 薄膜具有更好的耐蚀性，这是由于纳米钴粒子的存在阻碍了 Cl^- 在 3.5%NaCl 溶液的移动。这表明超疏水 Co/a-C：H 薄膜在防腐领域具有广阔的应用前景。

在本研究中，以甲醇为碳源，乙酰丙酮钴（Ⅱ）为掺杂剂，通过一步电化学方法成功制备了 Co/a-C：H 薄膜。所制备的 Co/a-C：H 薄膜可以实现超疏水表面，水接触角为（153±1）°，滑动角为 7.6°，无须任何修饰剂进一步改性。尤其是这种超疏水性 Co/a-C：H 薄膜具有较好的黏结力、优异的自清洁能力和耐腐蚀性，使用这种低成本、简单和可重复的工艺，可以为防污、减阻、防腐等领域的潜在工业应用提供一种有效途径。

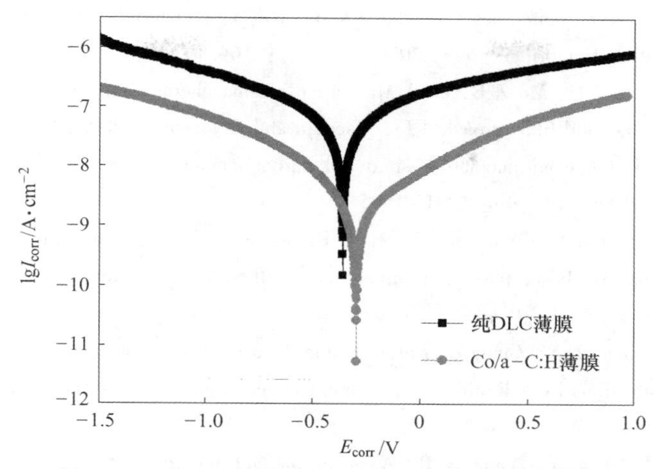

图 5.16 纯 DLC 薄膜和 Co/a-C：H 薄膜的极化曲线

表 5-2 纯 DLC 薄膜和 Co/a-C：H 薄膜的腐蚀电位（E_{corr}）和腐蚀电流密度（I_{corr}）

样　品	纯 DLC 薄膜	Co/a-C：H 薄膜
I_{corr}/A · cm^{-2}	2.141×10^{-8}	1.208×10^{-9}
E_{corr}/V	-0.359	-0.296

参考文献

[1] Robertson J. Diamond-like amorphous carbon [J]. Mater. Sci. Eng. R, 2002, 37: 129~281.

[2] Bonetti F L, Capote G, Santos L V, et al. Adhesion studies of diamond-like carbon films deposited on Ti6Al4V substrate with a silicon interlayer [J]. Thin Solid Films, 2006, 515: 375~379.

[3] Peters A M, Nastasi M. Titanium-doped hydrogenated DLC coatings deposited by a novel OMCVD-PIIP technique, [J]. Surf. Coat. Technol., 2003, 167: 11~15.

[4] Zhang W, Tanaka A, Wazumi K, et al. The effect of annealing on mechanical and tribological properties of diamond-like carbon multilayer films [J]. Diamond Relat. Mater., 2004, 13: 2166~2169.

[5] Yan X B, Xu T, Xu S, et al. Fabrication of oriented FePt nanoparticles embedded in a carbon film made by pyrolysis of poly (phenylcarbyne) [J]. Carbon, 2004, 42: 3021~3024.

[6] Hayashi T, Hirono S, Tomita M, et al. Magnetic thin films of cobalt nanocrystals encapsulated in graphite-like carbon [J]. Nature, 1996, 381: 772~774.

[7] Scott J H, Majetich S A. Morphology, structure and growth of nanoparticles produced in a carbon arc [J]. Phys. Rev. B, 1995, 52: 12564~12571.

[8] Harris P J F. Carbon nanotubes and related structures, new materials for the twenty-first century [J]. Cambridge: Cambridge press, 2000, 72 (3): 164.

[9] Man W D, Wang J H, Ma Z B, et al. Microwave plasma chemical vapor deposition a promising technique for diamond films growth [J]. Vacuum and Cryogenics, 2003, 9 (1): 50~56.

[10] Zeng X T. Unbalanced magnetron sputtered carbon composite coatings [J]. J. Vac. Sci. Technol. A, 1999, 17 (4): 1991~1995.

[11] Ishihara M, Suzuki M, Watanabe T, et al. Properties of hydrogenated amorphous carbon thin films deposited by plasma-based ion implantation method [J] . Diamond Relat. Mater. , 2004, 13: 1449~1453.

[12] Jiang H Q, Huang L N, Zhang Z J, et al. Facile deposition of copper-doped diamond-like carbon nanocomposite films by a liquid-phase electrochemical route [J]. Chem. Comm. , 2004, 36 (19): 2196~2197.

[13] Chen G, Zhang J Y, Yang S R. A novel method for the synthesis of Au nanoparticles incorporated amorphous hydrogenated carbon films [J]. Electrochem. Commun. , 2007, 9: 1053~1056.

[14] Zhou S, Zhu X Yan Q. Corrosion resistance and self-cleaning behavior of Ni/a-C : H superhydrophobic films [J]. Surf. Eng. 2018, 34 (8): 611~619.

[15] Schewarz-Selinger T, Meier M, Hopf C, et al. Can plasma experiments unravel microscopic surface processes in thin film growth and erosion? Implications of particle-beam experiments on the understanding of a-C : H growth [J]. Vacuum, 2003, 71: 361~376.

[16] Yamamoto T, Seki K, Takahashi M. Tribology of protective carbon films for thin film magnetic media [J]. Surf. Coat. Technol. , 1993, 62: 543~549.

[17] Ferrari A C, Robertson J. Interpretation of Raman spectra of disordered and amorphous carbon [J]. Phys. Rev. B, 2000, 61: 14095~14107.

[18] Leung T Y, Man W F, Lim P K, et al. Determination of the sp^3/sp^2 ratio of a-C : H by XPS and XAES [J]. J. Non-Crystall. Solids, 1999, 254 (1~3): 156~160.

[19] Wenzel R N. Resistance of solid surfaces to wetting by water [J] . Electrochem. Commun, 1936, 28 (8): 988~994.

[20] Cassie A B D, Baxter S. Wettability of porous surfaces [J] . Trans Faraday Soc., 1944, 40 (1): 546~551.

[21] Zhou S, Zhu X, Yan Q. One-step electrochemical deposition to achieve superhydrophobic cobalt incorporated amorphous carbon-based film with self-cleaning and anti-corrosion [J]. Surf. & Inter. Anal. , 2018, 50: 290~296.

[22] Kalin M, Polajnar M. The wetting of steel, DLC coatings, ceramics and polymers with oils and water: The importance and correlations of surface energy, surface tension, contact angle and spreading [J]. Appl. Surf. Sci. , 2014, 293: 97~108.

6 液相法石墨烯/碳纳米管增强非晶碳防腐薄膜

非晶碳薄膜是一种新型的低维功能材料，由于其优异的高硬度、化学惰性、抗磨减摩等物理和化学性能而引起广泛关注[1]。虽然采用 Ni、Co 等纳米金属颗粒植入到类金刚石薄膜中可在一定程度上使得薄膜表面获得特殊表面结构和超疏水性能[2,3]，但随着现代冶金技术的快速发展，开发更加优异的表面性能的薄膜变得尤其重要。因此，如何进一步提升纳米晶复合非晶碳薄膜的表面性能成为努力的重点。近年来，一些先进材料（如碳纳米管、石墨烯、氧化石墨烯、碳纳米纤维等）在生命科学、能源和环境领域的前沿科学技术研究中发挥越来越重要的作用[4~7]。这些先进的碳纳米材料已经并将继续广泛应用于电化学能量储存和转换、传感、催化、晶体管和聚合物复合材料等各种重要应用领域，由于其特殊的性能，可成为进一步提升纳米晶复合非晶碳薄膜的表面疏水性能而使其获得更优异耐腐蚀性能的关键突破口。

6.1 石墨烯增强非晶碳 G-Ni/a-C：H 防腐薄膜

石墨烯是一种单层的二维石墨碳材料，它于 2014 年被科学家 Konstantin Novoselov 和 Andre Geim 通过胶带微机械剥离高定向热解石墨成功获得。石墨烯是键长为 0.141nm 的碳六元环（sp^2杂化）构成的二维（2D）蜂窝晶格结构，单原子层厚度为 0.335nm[8]，它具有优异的光学、电学、力学特性，在材料学、微纳加工、能源、生物医学和药物传递等方面具有重要的应用前景，被认为是一种未来革命性的材料[9,10]。石墨烯在非极性溶剂中表现出良好的溶解性，具有超疏水性和超亲油性。又由于石墨烯的结构非常稳定，碳碳键仅为 1.42。石墨烯内部的碳原子之间的连接很柔韧，当施加外力于石墨烯时，碳原子面会弯曲变形，使得碳原子不必重新排列来适应外力，从而保持结构稳定。所以，由于石墨烯优异的性能，大大拓展了其在超疏水材料方面的应用。

氧化石墨烯（GO）是一种典型的二维含氧石墨烯衍生物，具有大量的含氧官能团，如羟基和环氧基以及羰基[11]。与石墨烯相比，氧化石墨烯表面的含氧官能团反应活性更大，赋予了它与石墨烯不同的特性（如易进行表面修饰、疏水性更强等），并且更易于制备（目前实验室大多用 Hummers 法来制备氧化石墨烯）。氧化石墨烯具有两亲性，在水中具有优越的分散性，如同界面活性剂一般存在界面，并降低界面间的能量。所以，在制备纳米复合非晶碳薄膜时向电解液中掺入氧化石墨烯可降低薄膜表面的表面能，同时提高薄膜表面的微观粗糙度，又由于氧化石墨烯表面含氧官能团较多，有利于超疏水表面的形成，从而提高薄膜的综合性能。

6.1.1　G-Ni/a-C：H 薄膜的制备过程

在沉积前，衬底材料依次用甲醇、10%HF 水溶液、甲醇超声清洗 5min，最后用 N_2吹干。本实验选用分析纯甲醇试剂作为碳源，选择阿法埃莎生产的乙酰丙酮镍（Ⅱ）和氧化石墨烯作为掺杂剂。在以往实验的基础上，固定乙酰丙酮镍（Ⅱ）甲醇溶液的浓度为 0.08mg/mL，分别加入质量浓度为 0.003mg/mL、0.005mg/mL、0.007mg/mL、0.009mg/mL、0.011mg/mL 的氧化石墨烯甲醇悬浮液作为沉积 DLC 复合薄膜的前驱体，在施加电压 1200V 下沉积薄膜。将处理好的衬底材料固定在阴极石墨电极上，调节两电极间的距离约为 8mm，添加电解液至阴端与液面间的距离为 10～15mm，水浴锅温度控制为 55℃，正确连接电解池的正负极和直流高压电源的正负极。待沉积 8h 后即可获得黑色或灰黑色的薄膜。

沉积过程中，乙酰丙酮镍（Ⅱ）/甲醇溶液在高压下电解成 CH_3^+、Ni^{2+}和 $(C_5H_7O_2)^-$，在电场的作用下，CH_3^+和 Ni^{2+}带石墨烯向阴极移动，在 Si 基底上形成 G-Ni/a-C：H 复合薄膜[13]。电化学反应过程见式（6-1）～式（6-3）：

$$Ni(C_5H_7O_2)_2 \longrightarrow Ni^{2+} + 2(C_5H_7O_2)^- \tag{6-1}$$

$$CH_3OH \longrightarrow CH_3{}^+ + OH^- \tag{6-2}$$

$$Ni^{2+} + CH_3{}^+ + GO \longrightarrow G-Ni/a\text{-}C:H\ 薄膜 \tag{6-3}$$

6.1.2　G-Ni/a-C：H 薄膜的表面形貌

表面形态对超疏水表面的构筑起重要作用。图 6.1（a）～（e）显示了 G-Ni/a-C：H 薄膜的 SEM 图像。在低倍下，SEM 图像表明，G-Ni/a-C：H 薄膜表面由镍纳米颗粒和突出簇聚合成膜。从图 6.1（b）和（d）中可以看出，松散突出簇非常粗糙，形态是微纳米级分层玫瑰花瓣状结构。此外，图 6.1（c）和（e）同样表明镍纳米颗粒非常粗糙，形态也是微纳米级分层玫瑰花瓣状结构。而且，镍纳米颗粒的表面覆盖了一层石墨烯。表明石墨烯成功地嵌入非晶碳膜中。一般来讲，微纳米级分层玫瑰花瓣状结构可以使薄膜表面获得更大的接触角和更小的滑动角[13]。图 6.1（f）显示了 G-Ni/a-C：H 薄膜的 SPM 图像。可以看出，平均粗糙度为 74.2nm，表面相对光滑，晶粒细小。表明石墨烯的加入增加了 G-Ni/a-C：H薄膜的粗糙度，而且不会改变 Ni/a-C：H 薄膜的结构。此外，石墨烯的存在可以降低 G-Ni/a-C：H 薄膜的表面能。这些是促进超疏水薄膜形成的重要因素。

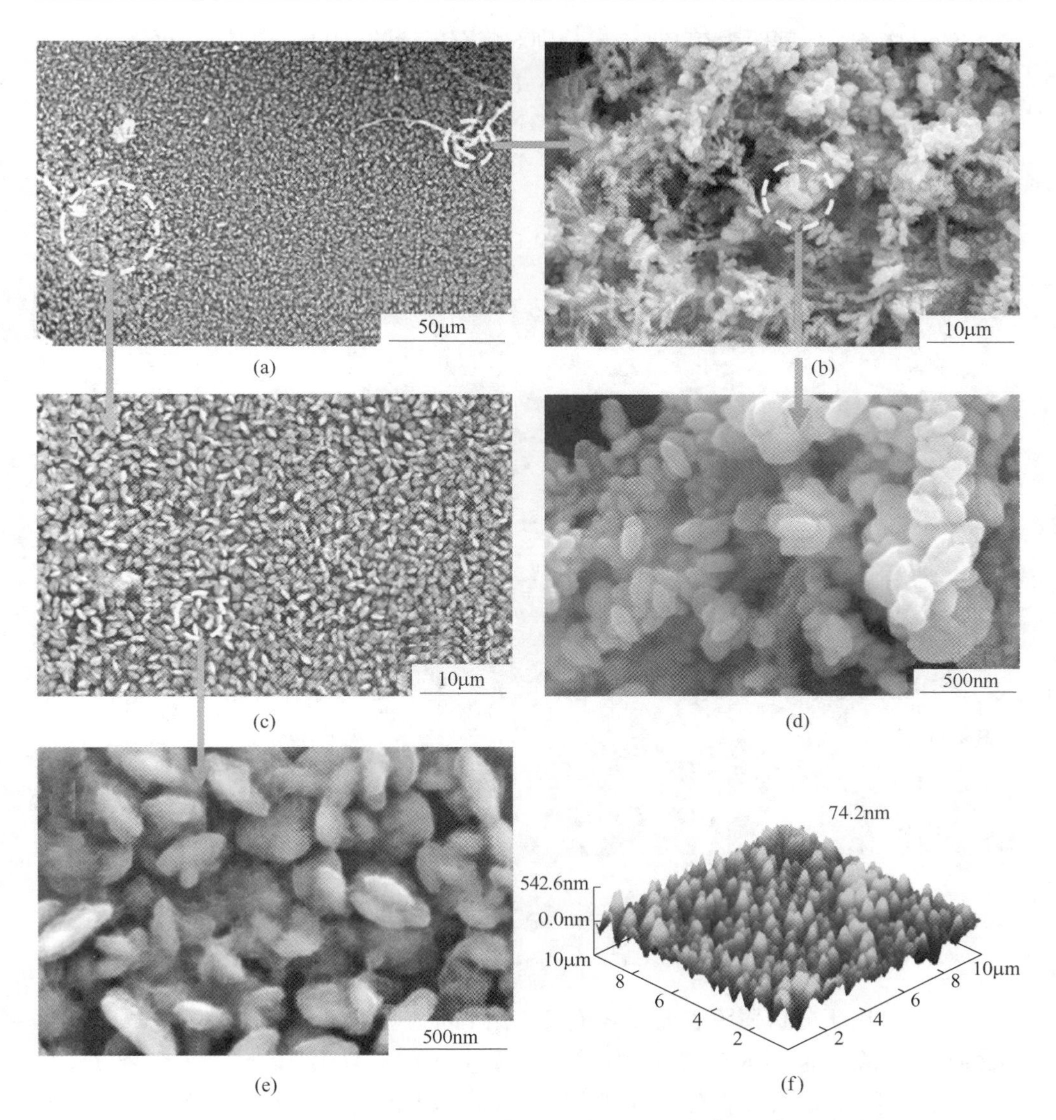

(a)　(b)　(c)　(d)　(e)　(f)

图 6.1　G-Ni/a-C：H 薄膜的低倍 SEM 图（a）、高倍石墨烯 SEM 图（b，d）、高倍镍颗粒的 SEM 图（c，e）和 SPM 图（f）

6.1.3　G-Ni/a-C：H 薄膜的结构表征

通过 TEM 和 HRTEM 进一步研究纳米复合膜的结构和形态。图 6.3（a）和（b）显示了低倍下的 G-Ni/a-C：H 薄膜的 TEM 图像。很明显，石墨烯和镍颗粒协同嵌入在碳膜中。在高倍下（图 6.2（c）和（d）），可以清楚地看到石墨烯和镍颗粒的晶格条纹。经计算，石墨烯的晶格条纹的间距约为 0.338nm，镍纳米颗粒的晶格条纹的间距为 0.154nm，分别对应石墨烯的（0 0 2）晶面和面心立方镍的（2 2 0）晶面间距（图 6.2（c）和（d））。表明石墨烯嵌入非晶碳膜中形成石墨烯/无定形碳/镍纳米复合膜。因此，G-Ni/a-C：H 薄膜不仅保留了镍薄膜的结构和性能，而且由于添加了多功能石墨烯，还提高了 G-Ni/a-C：H 薄膜的性能。

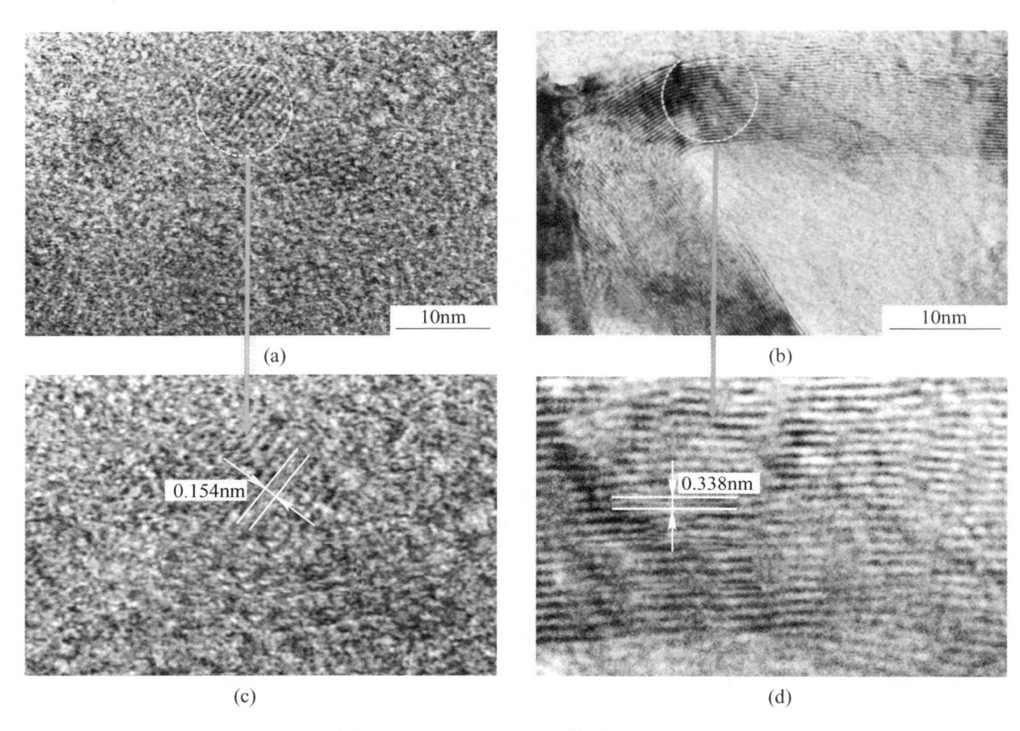

图 6.2　G-Ni/a-C：H 薄膜 TEM 图
（a）低倍石墨烯；（b）低倍镍颗粒；（c）石墨烯晶格条纹；（d）镍纳米颗粒的晶格条纹

XPS 可用于分析薄膜表面元素组成，化学价态和能带结构。图 6.3 显示了 G-Ni/a-C：H 薄膜的 XPS 全谱。XPS 全谱主要包括 C1s、O1s 和 Ni2p 三个峰位。此外，C、O 和 Ni 的含量百分比分别为 52.32%、42.22%和 5.46%。这与 Ni/a-C：H 薄膜中的元素含量略有不同，特别是 O 含量（Ni/a-C：H 薄膜中 O 的含量为 28.69%）。这可能是因为石墨烯的添加促进了 C—O 或 C ═O 键的形成，使得 G-Ni/a-C：H 薄膜中的 O 含量增加。据报道，C ═O 键的存在可以增强薄膜的超疏水性能[14]。此外，Ni2p 通过高斯拟合为 $Ni2p_{3/2}$（852.9eV）和 $Ni2p_{1/2}$（870.3eV）（图 6.3（a））。与标准 XPS 光谱进行比较可以看出，薄膜中镍的结合能与金属 Ni 单质基本一致。表明添加石墨烯不会破坏 Ni/a-C：H 薄膜中镍的结构。此外，如图 6.3（b）所示，拟合的 C1s 谱中存在四个峰，分别为 sp^2C ═C（284.3eV）、sp^3C—C（284.9eV）、石墨烯 C ═C（285.7eV）和 C—O 或 C ═

O（288.3eV）。与 Ni/a-C：H 薄膜的 C1s 精细光谱不同的是，G-Ni/a-C：H 薄膜的 C1s 精细光谱中增加了石墨烯 C ═C 键。石墨烯 C ═C 键的存在证明石墨烯成功地嵌入非晶碳膜中。此外，G-Ni/a-C：H 薄膜中 C ═O 键的含量大于 Ni/a-C：H 薄膜中的 C ═O 键含量，这可以为 G-Ni/a-C：H 薄膜的超疏水性能优于 Ni/a-C：H薄膜提供证据。

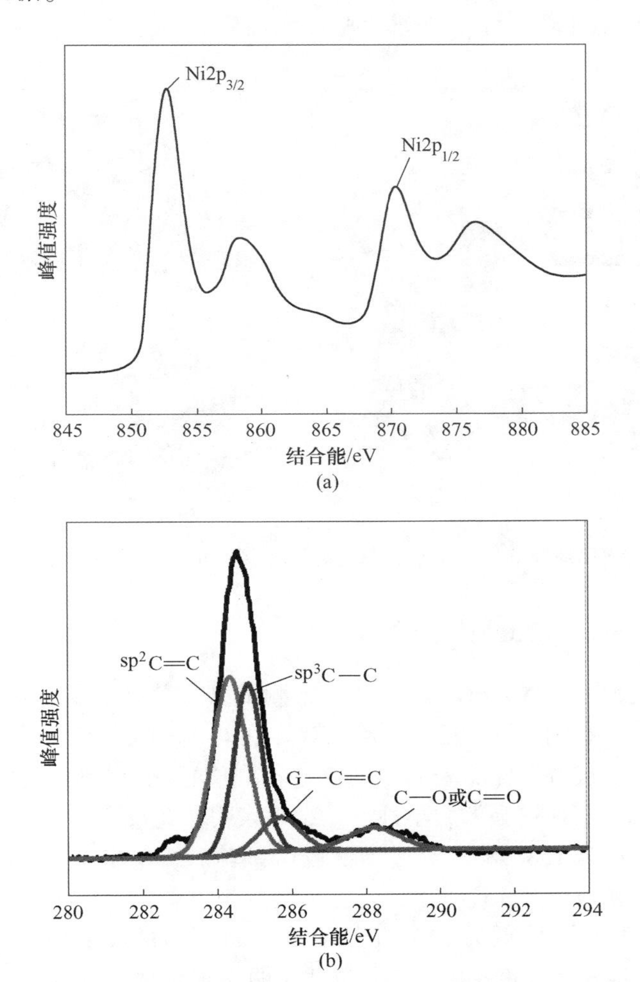

图 6.3 G-Ni/a-C：H 薄膜的 Ni2p 精细光谱（a）和 C1s 精细光谱（b）

6.1.4 G-Ni/a-C：H 薄膜的润湿性

G-Ni/a-C：H 薄膜的超疏水示意图如图 6.4（a）所示。在沉积期间，镍纳米颗粒和石墨烯镶嵌生长形成微纳米级分层结构。石墨烯的掺入不仅可以增加膜的粗糙度，还可以降低膜的表面能。通常，这种微纳米级分层玫瑰花瓣状结构可以使薄膜表面获得更大的接触角和更小的滑动角。因为这种多尺度分层粗糙结构有利于保留水滴下的空气，使得薄膜表面的水滴迅速滚下，从而使 G-Ni/a-C：H 薄膜获得优异的超疏水性能。G-Ni/a-C：H 薄膜的接触角和滑动角测试结果分别如图 6.4（c）和（d）所示。G-Ni/a-C：H 薄膜的最大接触角为 158.98°，最小滑动角为 2.75°，归因于这种微纳米级分层玫瑰花瓣状结构，可将空气保持在薄膜表面的下方。图 6.4（b）为超疏水 G-Ni/a-C：H 薄膜上的光学照片。

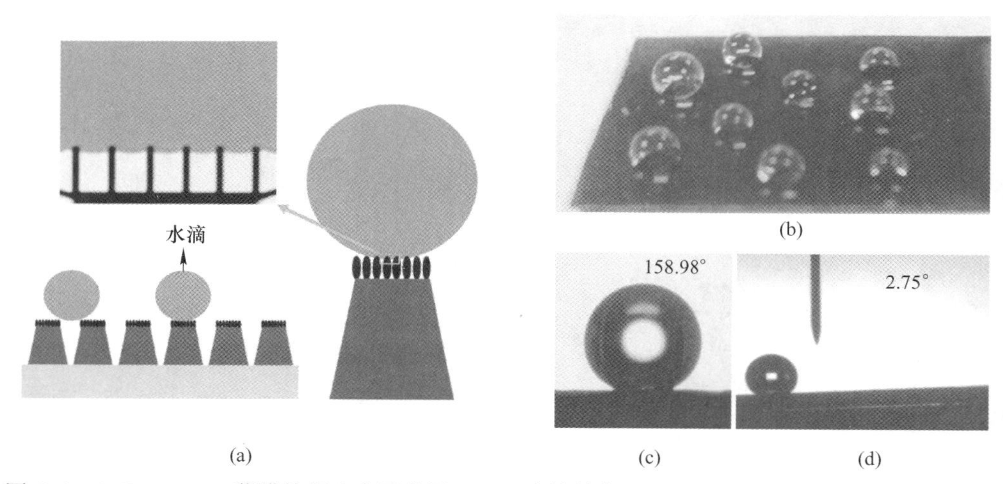

图 6.4　G-Ni/a-C：H 薄膜的超疏水示意图（a）、水接触角（b）、滑动角（c）和光学照片（d）

6.1.5　G-Ni/a-C：H 薄膜的结合力

图 6.5 显示了 G-Ni/a-C：H 薄膜胶带测试以及对应的接触角大小。虚线的左侧是测试区域，右侧是原始区域。将胶带贴在 G-Ni/a-C：H 薄膜的表面上，然后迅速将其撕下。接着在样品表面上的 5 个不同位置测试接触角大小，取平均值，以确定 G-Ni/a-C：H 薄膜的力学性能。结果表明，在没有胶带试验的 G-Ni/a-C：H 薄膜的接触角为 158.98°。经过 1 次胶带试验后，G-Ni/a-C：H 薄膜表面几乎没有变化，接触角仍为 157.82°。经过 8 次胶带试验后，G-Ni/a-C：H 薄膜保持超疏水性，但接触角降低为 150.01°。此外，进一步的胶带测试表明在严重损坏条件下接触角减小到 139.14°。胶带测试表明超疏水薄膜表面上几乎没有任何颗粒被剥离。薄膜表面上的纳米颗粒与 G-Ni/a-C：H 薄膜具有良好的结合力。表明这种超疏水 G-Ni/a-C：H 薄膜具有潜在的工业应用。

6.1.6　G-Ni/a-C：H 薄膜的自清洁力

自清洁能力对超疏水表面的实际应用非常重要[15,16]。图 6.6 显示了不同样品的自清洁过程，所有样品表面都使用粉笔灰尘作为污染物。通过比较纯 DLC

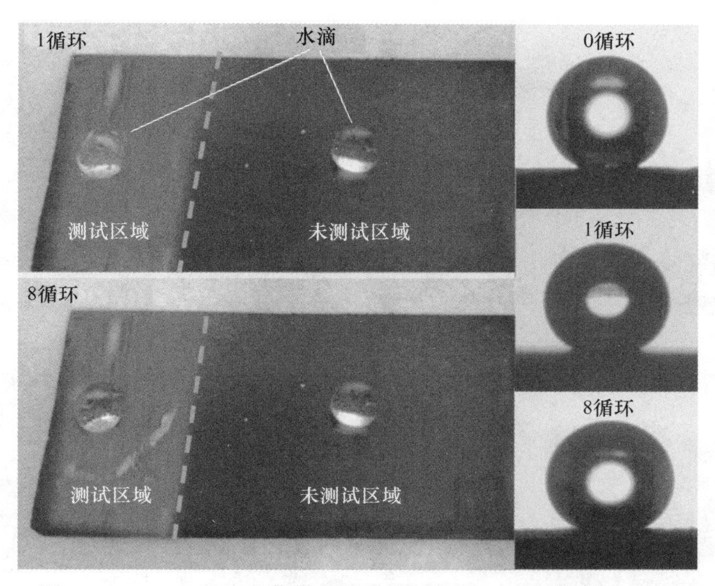

图 6.5　G-Ni/a-C：H 薄膜的胶带测试图及对应的接触角大小

薄膜（a）、Ni/a-C：H 薄膜（b）和 G-Ni/a-C：H 薄膜（c）的自清洁过程可以发现，球形水滴在纯 DLC 薄膜的表面上保持静止，而在 Ni/a-C：H 薄膜和 G-Ni/a-C：H 薄膜表面的球形水滴迅速滚落并带走表面的粉末灰尘。此外，可以发现 G-Ni/a-C：H 薄膜表面比 Ni/a-C：H 薄膜表面更清洁。对于这种现象，最重要的因素是石墨烯和镍纳米颗粒的加入使得薄膜表面上形成微凸层状结构，这种结构具有大的微观粗糙度，而且石墨烯的加入降低了 G-Ni/a-C：H 薄膜的表面能。更为重要的是，这种特殊的微凸层状结构有利于保留水滴下的空气，从而减小水滴和超疏水表面之间的接触面积，使得薄膜表面的水滴迅速滚下并带走超疏水膜上的灰尘。从图 6.6 中可以看出，该薄膜表现出优异的自清洁性能，表明这种超疏水 G-Ni/a-C：H 薄膜在抗污领域有潜在的应用价值。

6.1.7　G-Ni/a-C：H 薄膜的腐蚀性能

电化学测试可用于评估薄膜的耐腐蚀性能。图 6.7 为纯 DLC 薄膜、Ni/a-C：H 薄膜和 G-Ni/a-C：H 薄膜的 Tafel 极化曲线。表 6-1 为基于极化曲线得到的电化学参数，包括腐蚀电位（E_{corr}）、腐蚀电流密度（I_{corr}）和保护效率（η）。通常，腐蚀电流密度越低，腐蚀速率越低，薄膜性能越好。显然，G-Ni/a-C：H 薄膜的腐蚀速率比纯 DLC 薄膜和 Ni/a-C：H 薄膜的腐蚀速率低，而且 G-Ni/a-C：H 薄膜的保护效率（η）（根据公式（6-4）计算）高达 98.59%。薄膜的耐腐蚀机理可能与薄膜的疏水性能有关[17]。薄膜腐蚀性能的变化与疏水性能的变化相似。由于浸入腐蚀性溶液中的固体表面上的润湿面积小，超疏水表面中突起之间的截

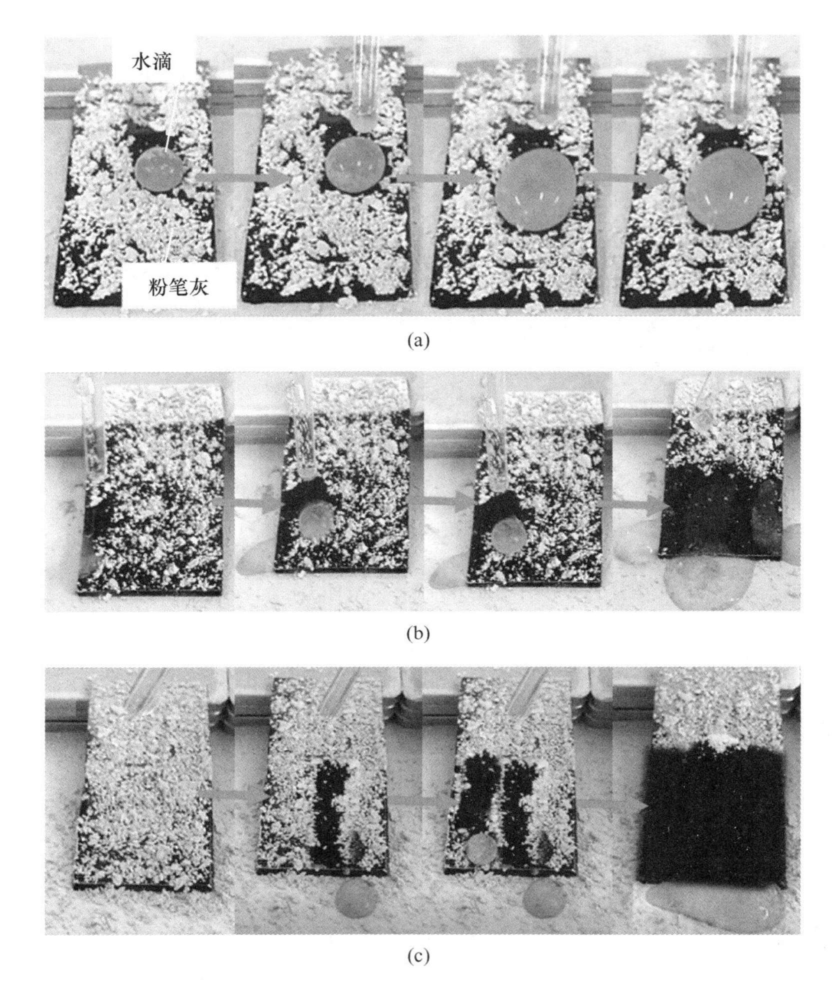

(a)

(b)

(c)

图 6.6　纯 DLC 薄膜（a）、Ni/a-C：H 薄膜（b）
和 G-Ni/a-C：H 薄膜（c）的自清洁行为

留空气可以作为有效的屏障，使得腐蚀性介质与薄膜表面隔离开来。电化学测试结果表明，超疏水 G-Ni/a-C：H 薄膜可以获得比 Ni/a-C：H 薄膜和纯 DLC 薄膜更好的耐腐蚀性，这归因于石墨烯和纳米镍颗粒的共同作用，它们阻碍了 Cl^-在 3.5%NaCl 溶液中的运动，降低了腐蚀效率。换句话说，G-Ni/a-C：H 薄膜具有优异的耐腐蚀性。

$$\eta = \frac{I_{corr}^{0} - I_{corr}}{I_{corr}^{0}} \times 100\% \tag{6-4}$$

式中，I_{corr}^{0}为纯 DLC 薄膜的腐蚀电流密度；I_{corr}为纯复合薄膜的腐蚀电流密度。

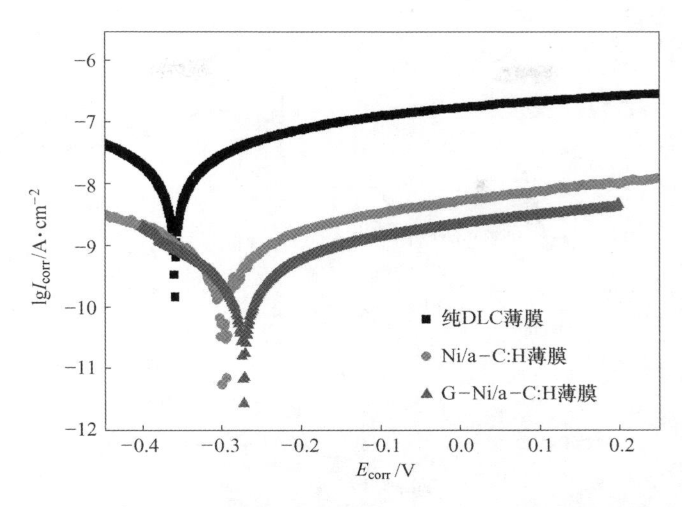

图 6.7 纯 DLC 薄膜、Ni/a-C∶H 薄膜和 G-Ni/a-C∶H 薄膜的极化曲线

表 6-1 纯 DLC 薄膜、Ni/a-C∶H 薄膜和 G-Ni/a-C∶H 薄膜基于极化曲线得到的电化学参数

样品	纯 DLC 薄膜	Ni/a-C∶H 薄膜	G-Ni/a-C∶H 薄膜
I_{corr}/A · cm^{-2}	2.141×10^{-8}	7.400×10^{-10}	3.016×10^{-10}
E_{corr}/V	−0.359	−0.300	−0.273
η/%		96.54	98.59

此外，电化学阻抗谱（EIS）是评估薄膜材料介电性质的有效手段。图 6.8（a）为纯 DLC 薄膜、Ni/a-C∶H 薄膜和 G-Ni/a-C∶H 薄膜的 Nyquist 曲线。通常，低频区域的阻抗值用于表征膜的耐腐蚀性，值越大，膜的耐腐蚀性越好。此外，纯 DLC 薄膜、Ni/a-C∶H 薄膜和 G-Ni/a-C∶H 薄膜的 Bode 图像如图 6.8（b）所示，其中，半圆半径越大，耐腐蚀性越好。表 6-2 列出了基于等效电路每个样品的电化学阻抗参数。纯 DLC 薄膜和 G-Ni/a-C∶H 薄膜的等效电路如图 6.8（c）所示，Ni/a-C∶H 薄膜的等效电路如图 6.8（d）所示。等效电路包括电容器、电阻器和绝缘体，其中 Q 是恒定相角元件，Q_f 为薄膜电容，Q_{dl} 为薄膜表面与腐蚀液之间的双电层电容，n 是恒定相角指数，表明分散效果的程度。R_s 是溶液电阻，R_{film} 是薄膜电阻，R_{ct} 是传荷电阻。最重要的参数是 R_{film}，它代表薄膜的电阻，通常被认为是薄膜耐腐蚀性的标志。总之，G-Ni/a-C∶H 薄膜显示出优异的耐腐蚀性。表明超疏水 G-Ni/a-C∶H 薄膜可能在防腐领域具有广阔的应用前景。

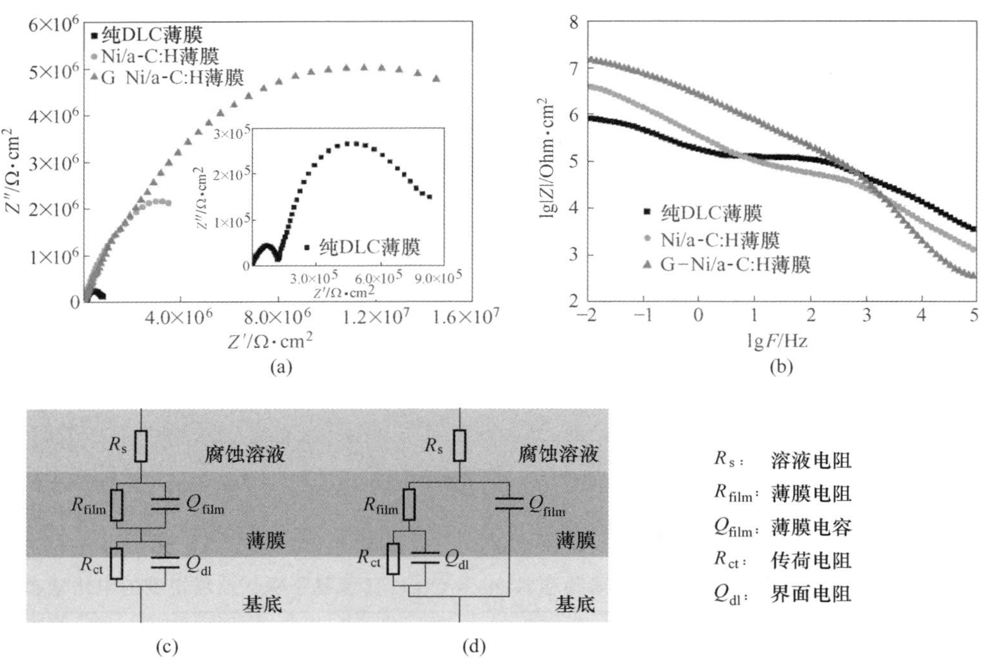

图 6.8　纯 DLC 薄膜、Ni/a-C：H 薄膜和 G-Ni/a-C：H 薄膜材料的 Nyquist 图（a）、Bode 图（b）和 EIS 等效电路图（c），（d）

表 6-2　纯 DLC 薄膜、Ni/a-C：H 薄膜和 G-Ni/a-C：H 薄膜基于等效电路的电化学阻抗参数

样品	R_s /Ω · cm²	Q_{film} /F · cm²	n_{film}	R_{film} /Ω · cm²	Q_{dl} /F · cm²	n_{dl}	R_{ct} /Ω · cm²	等效电路
纯 DLC 薄膜	2.129×10^5	4.74×10^{-9}	0.76	9.71×10^4	2.69×10^{-6}	0.60	1.87×10^4	R（QR）（QR）
Ni/a-C：H 薄膜	242.1	5.21×10^{-9}	0.72	2.90×10^5	4.16×10^{-7}	0.60	1.86×10^4	R(Q(R(QR)))
G-Ni/a-C：H 薄膜	186.7	8.91×10^{-7}	0.69	7.01×10^6	4.16×10^{-9}	0.60	3.98×10^4	R（QR）（QR）

通过简单一步电化学沉积方法成功的制备了三元石墨烯/镍无定形碳基膜（G-Ni/a-C：H）。所制备的 G-Ni/a-C：H 碳基薄膜接触角为 158.98°、滑动角为 2.75°，在没有通过任何的表面改性下显示出优异的超疏水性。此外，超疏水 G-Ni/a-C：H 碳基薄膜表现出极好的耐腐蚀性能、自清洁性能以及良好的结合力。因此，这种简单、低成本和可重复的方法夸大了超疏水材料的工业应用。

6.2　石墨烯增强非晶碳 GO-Co/a-C：H 防腐薄膜

6.2.1　GO-Co/a-C：H 薄膜的制备过程

在沉积前，衬底材料依次用甲醇、10%HF 水溶液、甲醇超声清洗 5min，最

后用 N_2吹干。本实验选用分析纯甲醇试剂作为碳源，选择阿法埃莎生产的乙酰丙酮钴（Ⅱ）和氧化石墨烯作为掺杂剂。在以往实验的基础上，固定乙酰丙酮钴（Ⅱ）甲醇溶液的浓度为 0.10mg/mL，分别加入质量浓度为 0.003mg/mL、0.005mg/mL、0.007mg/mL、0.009mg/mL、0.011mg/mL 氧化石墨烯甲醇悬浮液作为沉积非晶碳薄膜的前驱体，在施加电压 1200V 下沉积薄膜。将处理好的单晶硅片固定在阴极石墨电极上，调节两电极间的距离约为 8mm，添加电解液至阴端与液面间的距离为 10~15mm，水浴锅温度控制为 55℃，正确连接电解池的正负极和直流高压电源的正负极。待沉积 8h 后即可获得黑色或灰黑色的薄膜，所制备的薄膜依次记为 GO-1、GO-2、GO-3、GO-4 和 GO-5。

6.2.2 GO-Co/a-C：H 薄膜的表面形貌

为了确定 GO-Co/a-C：H 薄膜形态，将不同 GO 浓度的样品分别放在扫描显微镜下观察。图 6.9 为不同放大倍数下不同 GO 含量的 GO-Co/a-C：H 薄膜的 SEM 图。在低放大倍数下（图 6.9（a）~（c），（g）和（h）），薄膜表面完全被乳突状结构覆盖。从图 6.9（a）中可以看出，只有少量的纳米管镶嵌在 GO-1 薄膜中，且表面有许多空隙。随着 GO 浓度的升高，可以清楚地看到 GO 和钴纳米颗粒嵌入到无定形碳膜中形成更多乳突结构。在更高的放大倍数下（图 6.9(d)~(f)，(i）和（j)），可以清楚地观察到，随着 GO 浓度的增加，表面上的乳突结构更加明显，且褶皱结构先增加后减少。图 6.9（f）显示薄膜表面具有多层纳米级的完整褶皱结构。显然，上部薄片突起是嵌入 Co 纳米颗粒中的 GO 薄片。此外，随着 GO 浓度的增加，薄膜变得越来越致密，但当 GO 浓度增加到 0.011mg/mL 时（图 6.9（g）和（i)），薄膜表面几乎完全被 GO 薄片覆盖，反而破坏微纳米级分层结构，使薄膜的超疏水性能下降。显然，如图 6.9（c）和（f）所示，GO-3 薄膜在 0.007mg/mL GO 浓度下的形态形成具有多层微纳米级粗糙结构的复合界面，表现出优异的超疏水性能。

6.2.3 GO-Co/a-C：H 薄膜的结构表征

拉曼光谱法广泛用于识别材料的化学成分。GO-Co/a-C：H 薄膜的拉曼光谱如图 6.10 所示，具体参数见表 6-3。五个样品的三个典型峰：D 峰、G 峰和 2D 峰分别位于 $1350cm^{-1}$、$1580cm^{-1}$和 $2700cm^{-1}$处。这与无定形碳基膜的 D 峰和 G 峰的范围一致，分别出现在 $1200\sim1450cm^{-1}$和 $1500\sim1700cm^{-1}$附近。对于所制备的 GO-1、GO-2、GO-3、GO-4 和 GO-5 薄膜，D 峰的强度逐渐增加，表明 sp^2杂化碳的含量逐渐增加。G 峰指的是由所有 sp^2C 原子对的键合拉伸引起的振动模式[18]。D 峰和 G 峰的强度比（I_D/I_G）略有增加表明薄膜石墨化程度增加。2D 峰的强度与引入的 GO 片的量和厚度有关。2D 峰和 G 峰的强度比（I_{2D}/I_G）表示

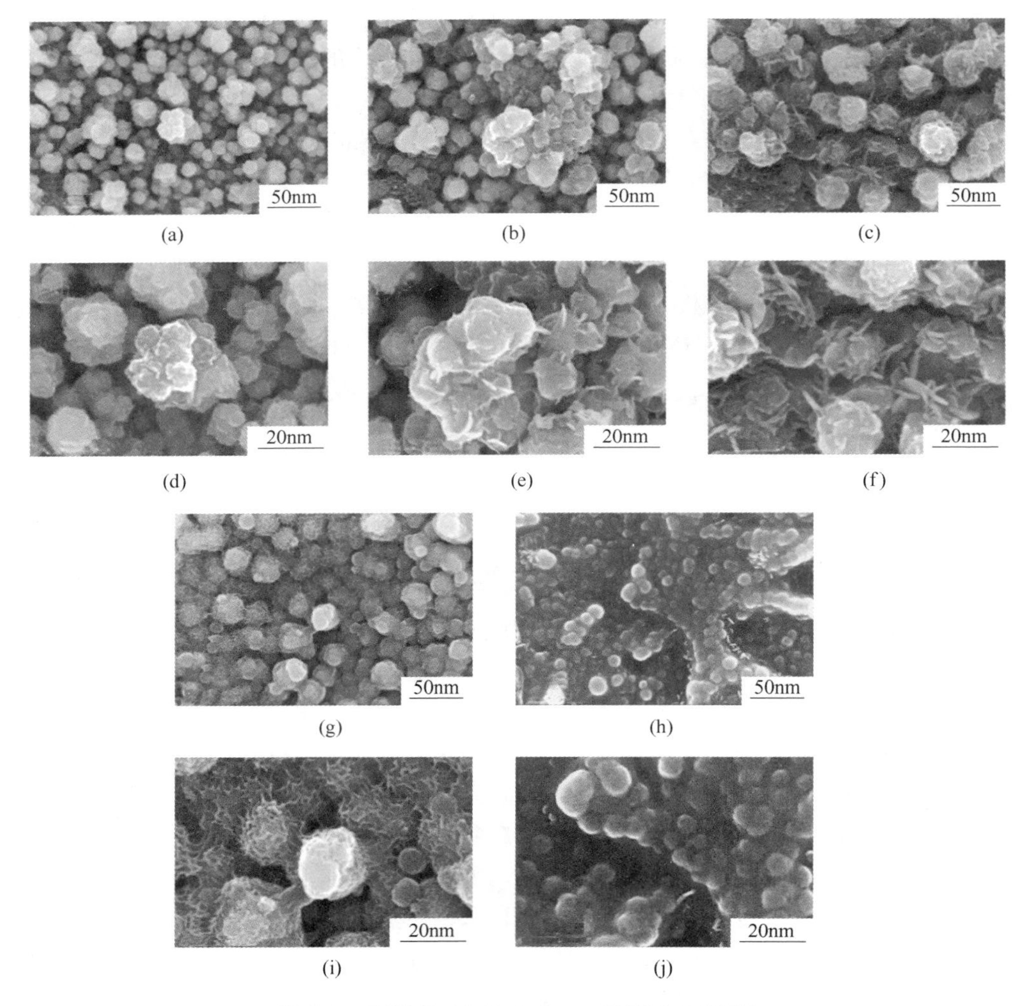

图 6.9 所制备 GO-Co/a-C：H 薄膜的 SEM 图

(a)，(d) GO-1；(b)，(e) GO-2；(c)，(f) GO-3；(g)，(i) GO-4；(h)，(j) GO-5

GO 片的质量和层数。根据拉曼光谱分析结果，可以发现 2D 峰和 G 峰的强度比 I_{2D}/I_G 随着 GO 的掺入量的增加而略微增加。

众所周知，XPS 可以进一步分析固体表面的结构和键合状态，因为每个元素具有一组独特的结合能。如图 6.11 所示，不同 GO 浓度的 GO-Co/a-C：H 薄膜的 C1s 光谱在高斯模式下进一步拟合。C1s 光谱拟合为 4 个峰：sp^2C ═C(284.259～284.328eV)、sp^3C—C（284.681～284.929eV）、GO-C ═ C（285.931～286.552eV）、C ═O 或C—O(288.383～288.867eV)。此外，5 个样品（GO-1、GO-2、GO-3、GO-4 和 GO-5）的 sp^2/sp^3 分别为 1.0096、1.1879、1.1947、

1.2288 和 1.2380。结果表明，sp^2杂化碳组分随着无定形碳基质中 GO 含量的增加而增加。此外，图 6.12 为 GO-Co/a-C：H 薄膜的 Co2p 精细谱。$Co2p_{3/2}$ 和 $Co2p_{1/2}$峰分别为 778.0eV 和 794.0eV。XPS 分析表明 GO 和钴元素成功地掺入碳基薄膜中，并且 sp^2杂化碳的含量随着 GO 浓度的掺入量的增加而增加。

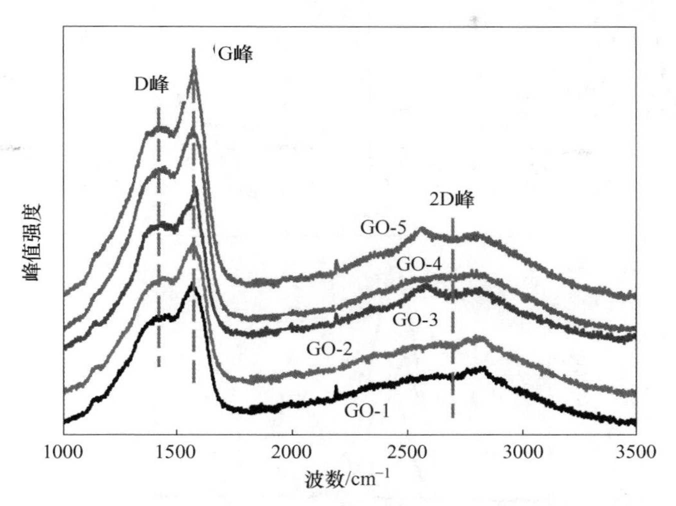

图 6.10 GO-Co/a-C：H 薄膜的拉曼光谱图

表 6-3 GO-Co/a-C：H 薄膜的拉曼光谱的能带分析

样品	D 峰/cm^{-1}	G 峰/cm^{-1}	2D 峰/cm^{-1}	I_D/I_G	I_{2D}/I_G
GO-1	1350.2	1579.5	2570.3	1.201	0.712
GO-2	1350.4	1579.6	2570.1	1.224	0.733
GO-3	1349.6	1580.4	2569.8	1.236	0.745
GO-4	1349.8	1579.9	2570.3	1.243	0.771
GO-5	1350.1	1579.9	2569.4	1.261	0.783

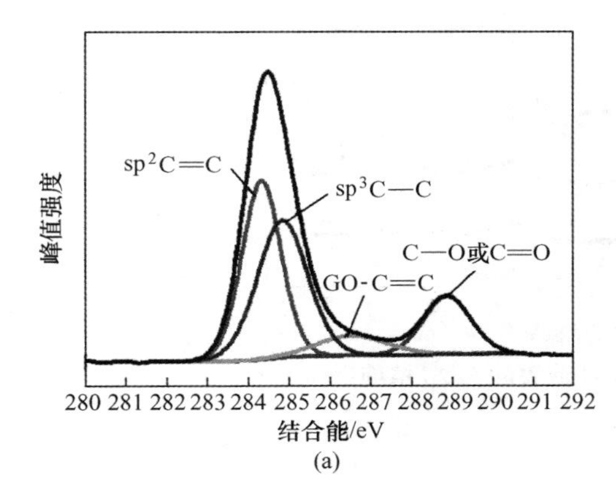

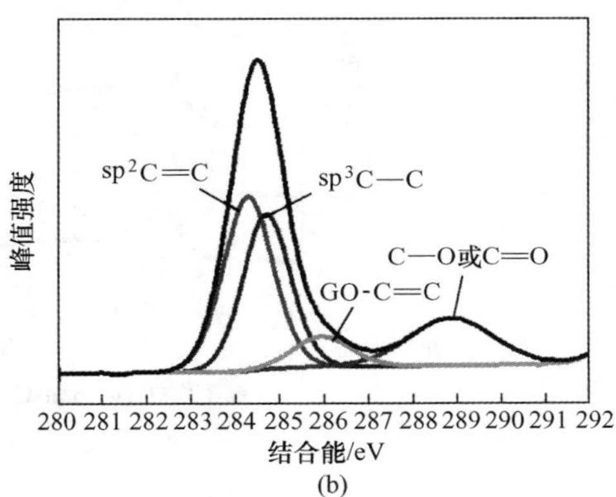

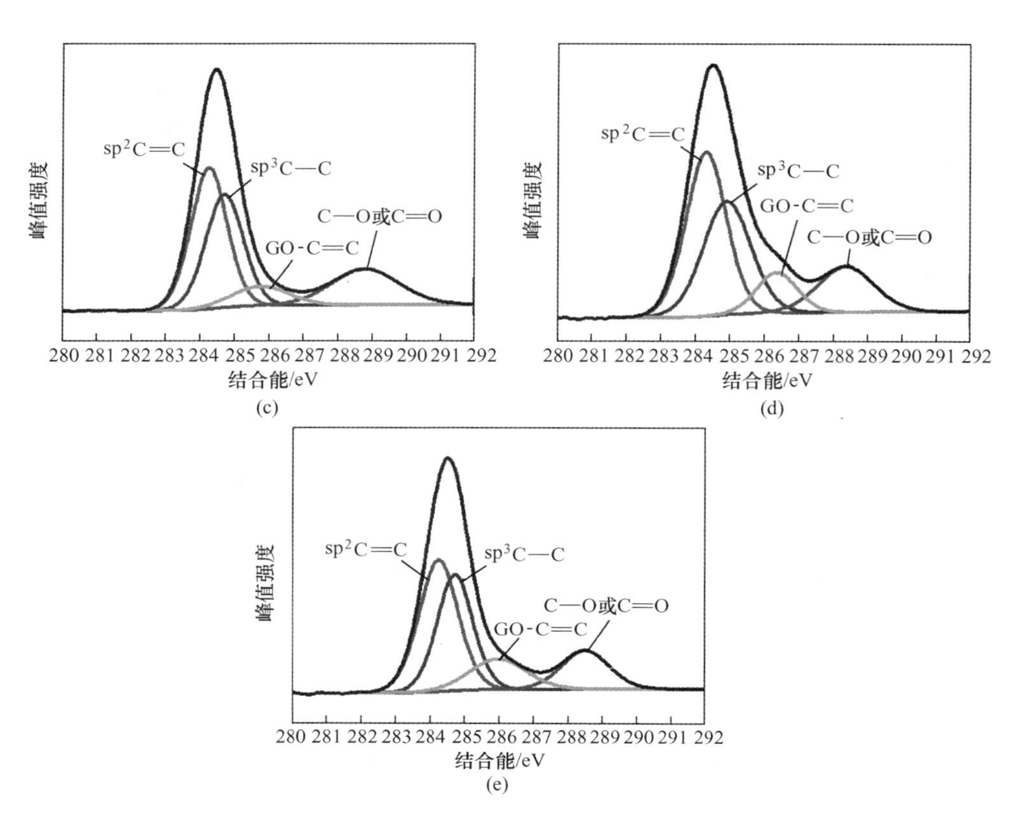

图 6.11　所制备 GO-Co/a-C∶H 薄膜的 C1s 精细谱
(a) GO-1；(b) GO-2；(c) GO-3；(d) GO-4；(e) GO-5

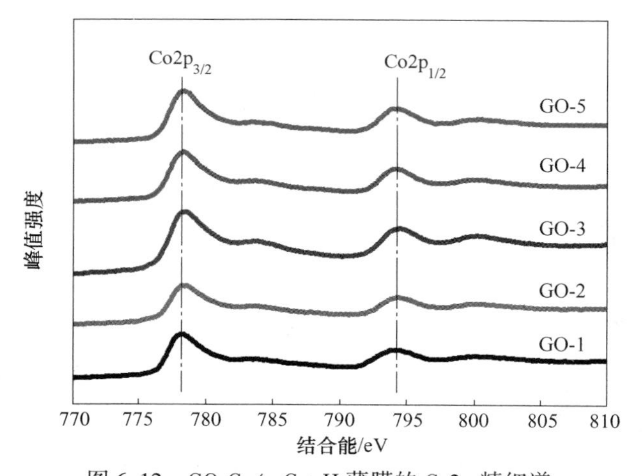

图 6.12　GO-Co/a-C∶H 薄膜的 Co2p 精细谱

图 6.13 为在 0.007mg/mL GO 和 0.10mg/mL Co 混合溶液中电化学沉积 8h 后获得的 GO-Co/a-C：H 薄膜（GO-3）的 HRTEM 图像。从图 6.13（a）中可以看出，GO-3 是连续且均匀的，GO 薄片（亮区）和 Co 纳米颗粒（深色球形斑点）良好分散在无定形碳中。另外，图 6.13（b）显示出的不规则结构进一步证实了 GO-Co/a-C：H 薄膜典型的无定形碳结构。显然，在更高的放大倍数下，GO-3 薄膜中也可以观察到两种不同尺寸的晶格条纹。进一步的分析表明，两种不同尺寸的晶格条纹的间距 d 分别为 0.34nm（图 6.13（c））和 0.20nm（图 6.13（d）），分别对应于 GO 的（0 0 2）晶面和面心立方钴（1 1 1）晶面。它揭示了 GO 和钴纳米颗粒作为无定形碳膜中的基本物质存在。同时，钴颗粒显示 2~5nm 的晶粒尺寸，这表明化学惰性的 GO-Co/a-C：H 薄膜更好地防止了金属颗粒的团聚。此外，所制备的 GO-3 薄膜的选区电子衍射图案（SAED）。GO 和钴的衍射图案均可以找到。值得注意的是，钴元素的衍射图案是衍射环，GO 的衍射图案是衍射斑点。SAED 图案显示 5 个圆环，分别对应于 GO（1 0 0）晶面和钴（1 1 1）、(2 0 0)、(2 2 0) 和（3 1 1）晶面。因此，可以推断 GO 和 Co 纳米颗粒嵌在一起且可以很好地结合到具有典型纳米微晶/无定形微结构的碳基膜中。

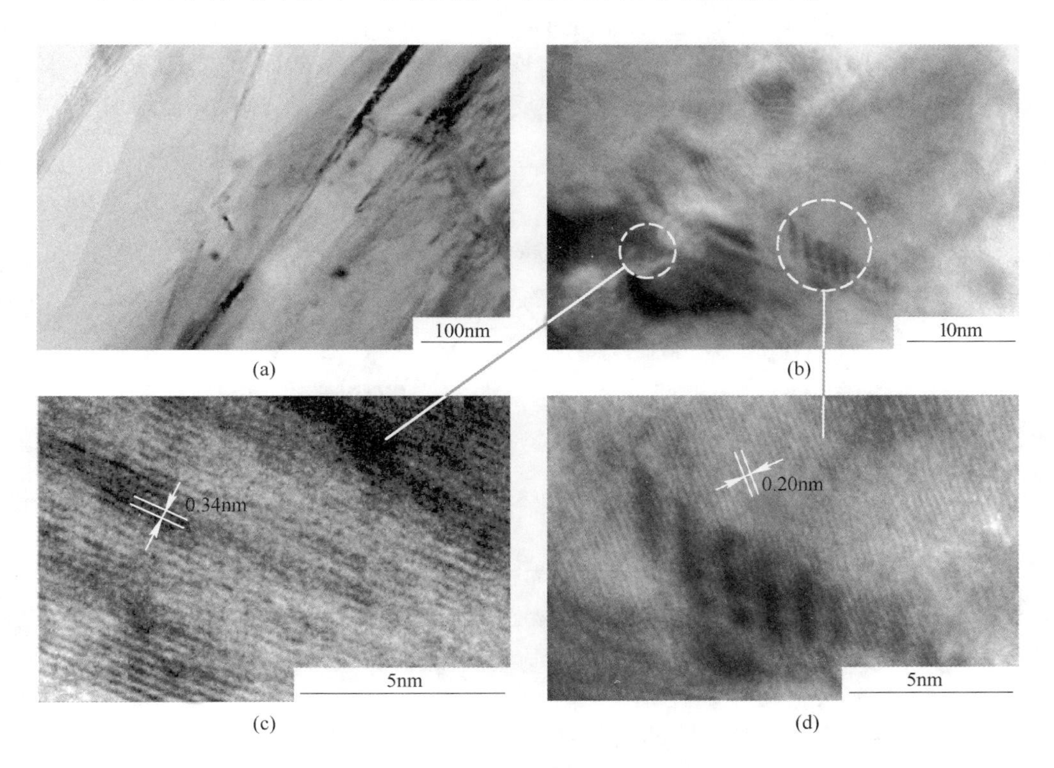

图 6.13　GO-3 薄膜不同倍数下的 TEM 图

6.2.4　GO-Co/a-C：H 薄膜的润湿性

表面润湿性主要由表面粗糙度和表面能两个参数决定。从上述表面形貌和结构分析，可以推断嵌入膜中的钴纳米颗粒可以增加膜的微观粗糙度。此外，GO的掺入也可以改善膜的粗糙度，并且由于 GO 的低表面能而降低膜的表面能。在这项研究中，我们实现了超疏水薄膜的两个基本条件。为了评估所制备的 GO-Co/a-C：H 薄膜的润湿性，我们通过使用 5μL 的水滴进行接触角（CA）和滑动角（SA）测量。通过在相同 GO-Co/a-C：H 薄膜的五个不同位置处取平均测量结果来获得 CA 值和 SA 值。图 6.14 和图 6.15 显示了具有不同 GO 浓度下 GO-Co/a-C：H 薄膜的接触角和滑动角。可以看出，随着 GO 浓度的增加，GO-Co/a-C：H 薄膜的接触角先增加后减小。相反，滑动角先减小然后增加。根据 Watanabe 等人[19]的报告，滑动角度可能受粗糙度、表面能和液滴质量的影响。高水接触角和低滑动角表明水滴在倾斜时很容易在表面上滑动，这可归因于“莲花效应”[20]。在本节研究中，GO 浓度为 0.07mg/mL（GO-3 薄膜）的 GO-Co/a-C：H 薄膜的最大接触角为 158.64°、最小滑动角为 1.53°（图 6.15（c）），展现出优异的超疏水性能。原因是低表面能 GO 的加入可以降低 GO-Co/a-C：H 薄膜的表面能，并且 GO 和钴纳米颗粒的结合将增加膜的粗糙度。然而，在较高的 GO 浓度下，由于表面过量的 GO 覆盖物的存在反而使得接触角减小，滑动角度增加。

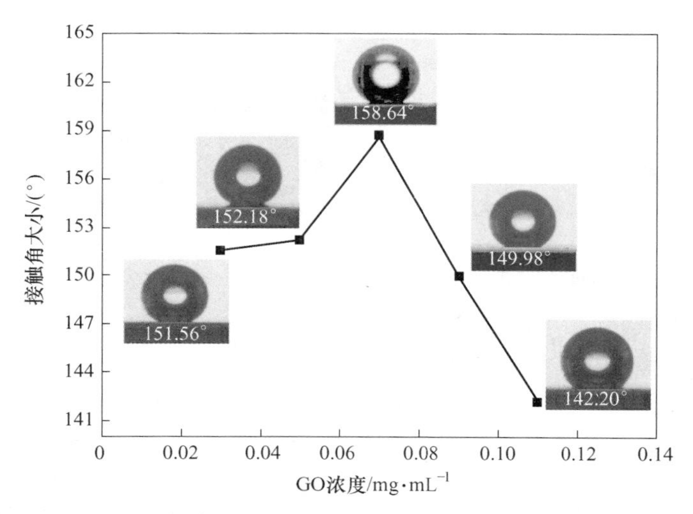

图 6.14　所制备 GO-Co/a-C：H 薄膜的平均水接触角大小

6.2.5　GO-Co/a-C：H 薄膜的结合力

超疏水表面的结合力对于其在工业应用中的可行性非常重要。在这项工作

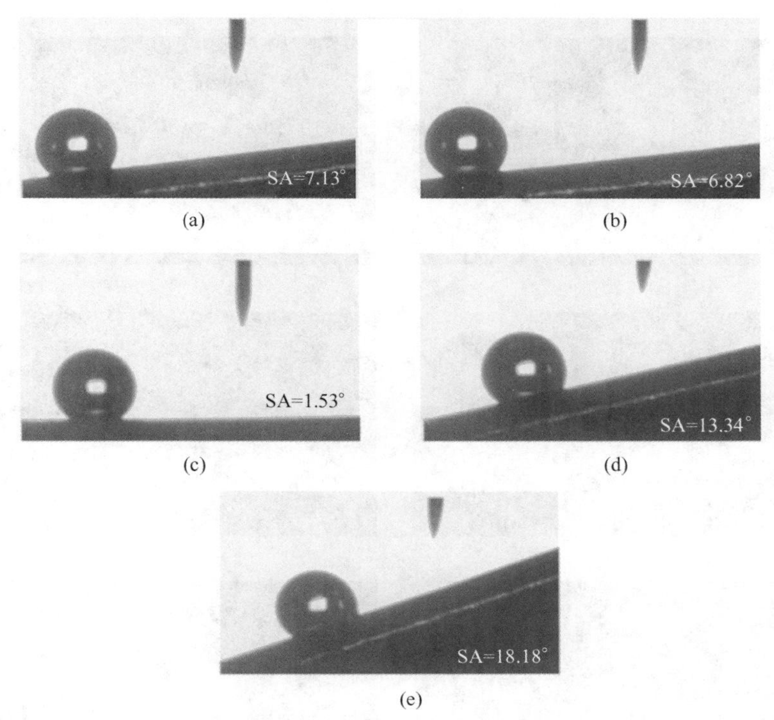

图 6.15　所制备 GO-Co/a-C：H 薄膜的平均滑动角大小
（a）GO-1；（b）GO-2；（c）GO-3；（d）GO-4；（e）GO-5

中，用胶带测试来评估 GO-Co/a-C：H 薄膜的结合力。图 6.16 显示了 GO-3 薄膜的胶带黏结测试过程。图 6.16（a）显示了不采用胶带黏结试验的 GO-3 薄膜的超疏水性，其水接触角为 158.64°。1 次胶带试验（图 6.16（b））后，GO-3 薄膜表面几乎没有变化，仍然保持超疏水性能且水接触角为 157.11°。经过 2 次胶带试验（图 6.16（c））后，GO-3 薄膜表面有一些破坏的痕迹，同时，GO-3 薄膜的接触角约为 155.48°。从图 6.16（e）中可以看出，虽然 GO-3 薄膜表面经过 7 次胶带试验后存在明显的破坏迹象，但表面仍然保持超疏水性能。因此可以得出结论，由于 GO 和钴纳米颗粒之间的机械作用，超疏水纳米复合 GO-Co/a-C：H 薄膜具有良好的结合力。然而，经过 8 次胶带试验后，GO-Co/a-C：H 薄膜表面受到严重损坏，接触角为 145.38°，失去了超疏水性能但表现出优异的疏水性。

6.2.6　GO-Co/a-C：H 薄膜的自清洁力

通过将粉笔灰尘作为污染物施加到薄膜表面来研究所制备的超疏水表面的自清洁效果。图 6.17 显示了所制备的薄膜的自清洁过程。当水滴滴在薄膜表面时，

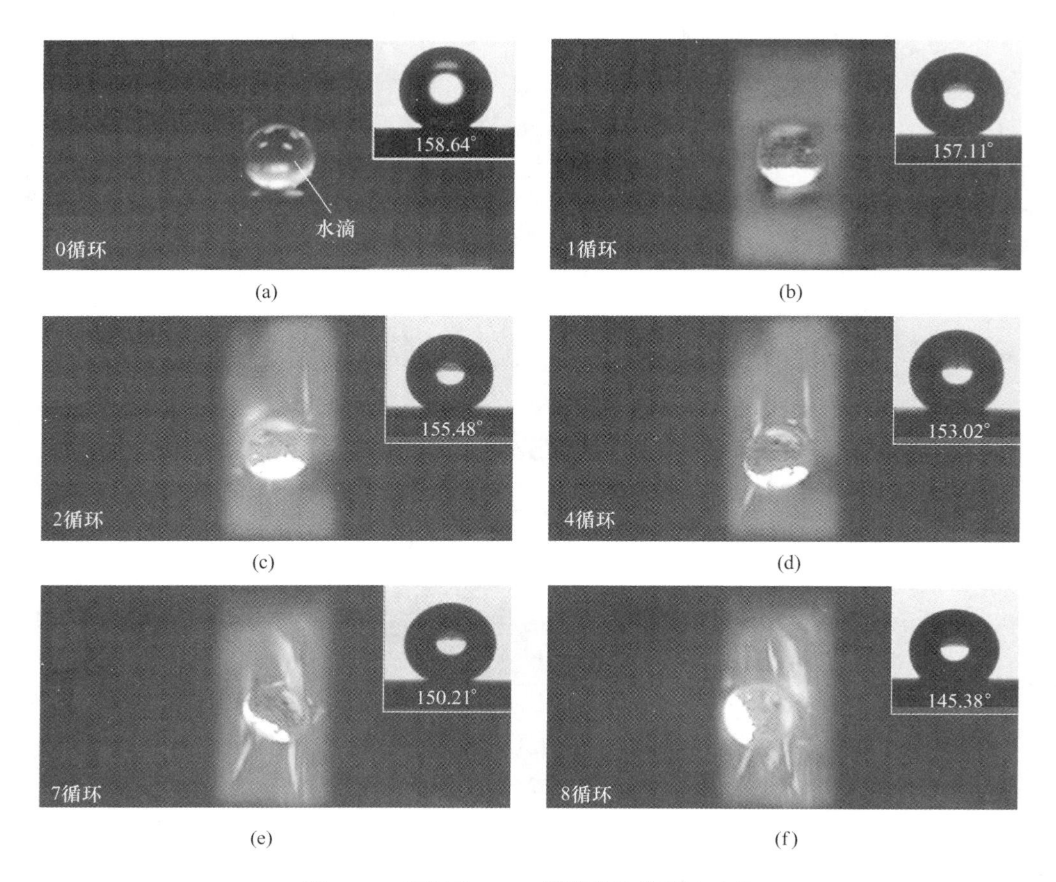

(a)　(b)　(c)　(d)　(e)　(f)

图 6.16　所制备 GO-3 薄膜的胶带测试过程

可以发现球形水滴在薄膜表面开始快速滚落并除去粉笔灰尘。随后，在连续滴几滴水后，覆盖粉笔灰的薄膜表面逐渐变得更清晰。从图 6.17（c）中可以看出，GO-3 样品的表面是最干净的，并且恢复了初始膜形态，仍然具有原始的超疏水性能。然而，所制备的薄膜 GO-1、GO-2、GO-4 和 GO-5 的表面存在不同数量的污染物。此外，膜表面上残留物的数量与膜的疏水性成正比。因此，当 GO 的掺杂浓度为 0.007mg/mL 时，所制备的 GO-3 薄膜具有优异的自清洁性能，这可能是 GO 和纳米钴颗粒结合形成层状微纳米结构的结果。由于 GO 的存在，该微纳米级分层结构具有大的微粗糙度以及低的表面能。特别地，在微结构周围空间保留的空气可以减小水滴和超疏水表面之间的接触面积，使得水滴可以快速滚落并容易地带走超疏水膜上的灰尘。此外，实验测试中粉尘数远远多于自然环境中的粉尘数，而超疏水薄膜表面仍然表现出优异的自清洁能力，表明这种超疏水 GO-Co/a-C：H 薄膜在实际应用中可以保护基材，免受污染。

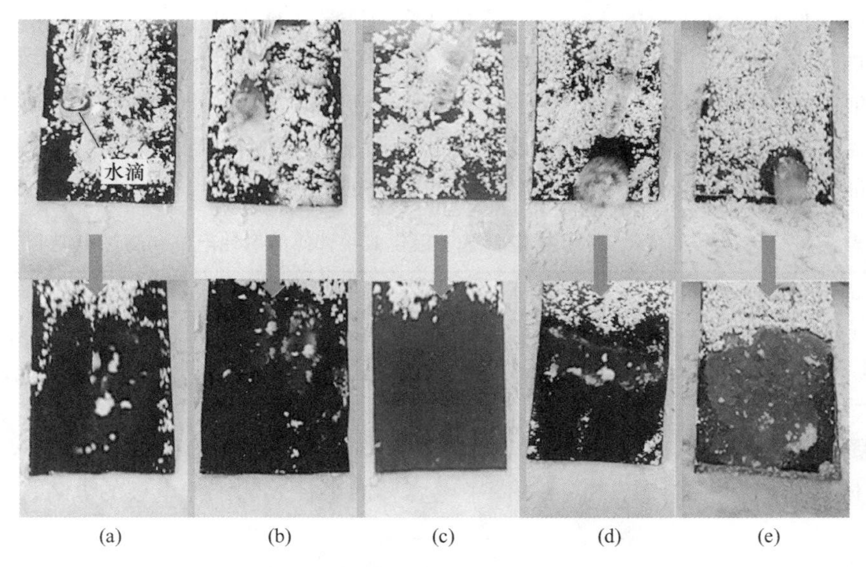

图 6.17　所制备薄膜的自清洁行为
(a) GO-1；(b) GO-2；(c) GO-3；(d) GO-4；(e) GO-5

6.2.7　GO-Co/a-C：H 薄膜的腐蚀性能

5 种 GO-Co/a-C：H 薄膜在 3.5% NaCl 溶液中测量的动电位极化曲线如图 6.18 所示。由电位极化曲线计算的腐蚀电位（E_{corr}）和腐蚀电流密度（I_{corr}）列于表 6-4 中。显然，随着 GO 浓度的增加，腐蚀电流密度逐渐减小，腐蚀电位逐渐增大。当 GO 浓度达到 0.007mg/mL 时，GO-3 薄膜显示出比其他薄膜更好的耐

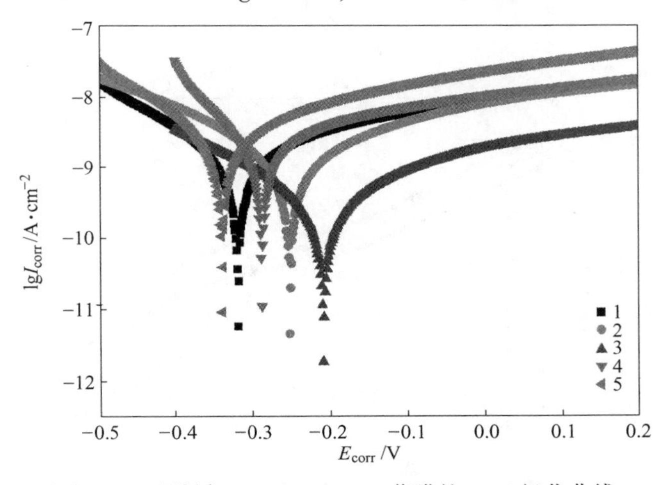

图 6.18　所制备 GO-Co/a-C：H 薄膜的 Tafel 极化曲线

腐蚀性，使其具有更正的 E_{corr} 和更低的 I_{corr}。随着 GO 浓度的增加，腐蚀电流密度增加且腐蚀电位开始减小。值得注意的是，GO-3 薄膜的 E_{corr} 约为-0.209mV，比其他薄膜大。此外，GO-3 薄膜的腐蚀电流密度比其他 4 种薄膜低一个数量级。特别需要指出的是，腐蚀电流密度的变化与所制备薄膜的疏水性变化规律一致，结果证实所制备的超疏水表面具有优异的耐腐蚀性。

表 6-4　所制备 GO-Co/a-C：H 薄膜基于极化曲线计算的腐蚀电位和腐蚀电流密度

样品	1	2	3	4	5
$I_{corr}/A \cdot cm^{-2}$	1.35×10^{-9}	1.18×10^{-9}	3.19×10^{-10}	1.76×10^{-9}	2.79×10^{-9}
E_{corr}/V	-0.310	-0.252	-0.209	-0.290	-0.340

图 6.19 为所制备的 GO-Co/a-C：H 薄膜在 3.5%NaCl 溶液中测量的 Nyquist 图和 Bode 图。众所周知，Nyquist 图中电容环的半径表示工作电极的电阻。通常，

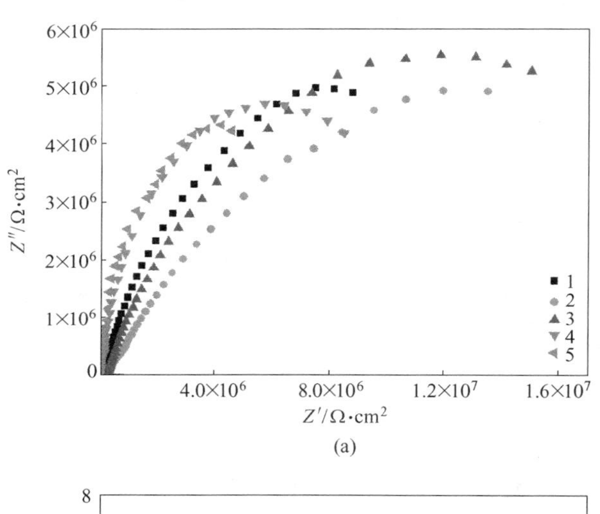

(a)

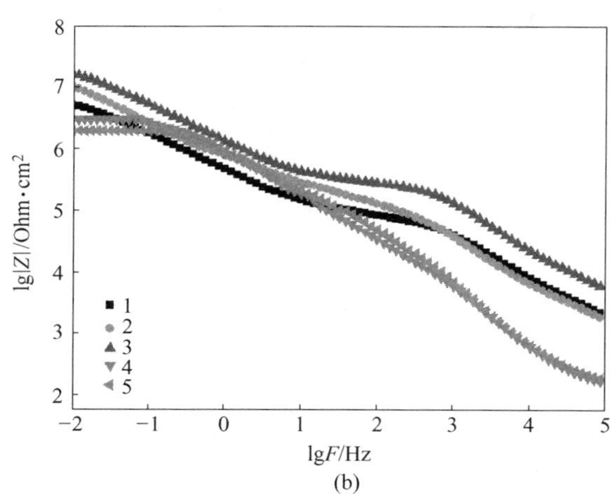

(b)

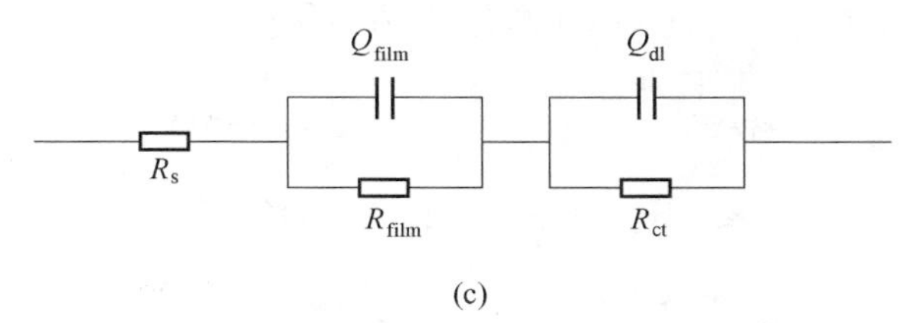

(c)

图 6.19 所制备 GO-Co/a-C∶H 薄膜的 Nyquist 图（a）、Bode 图（b）和等效电路图（c）

半径越大，膜的耐腐蚀性越好。图 6.19（a）显示了所制备薄膜的 Nyquist 图，半径尺寸的变化规律符合所制备薄膜的疏水性变化规律。很明显，与其他样品相比，GO-3 薄膜显示出较大的半径，表明 GO-3 薄膜具有更好的耐腐蚀性。图 6.19（b）显示了所制备的薄膜的 Bode 图，它也表现出与疏水性相同的变化规律。一般来讲，电位越大，薄膜的耐腐蚀性越好。很明显，GO-3 薄膜具有更高的电位和更好的耐腐蚀性。此外，为了进一步研究薄膜的抗腐蚀性能，可以使用 ZSimpWin 软件通过等效电路仿真方法分析阻抗谱。图 6.19（c）为所制备的 GO-Co/a-C∶H 薄膜的等效电路图。等效电路包括电容器、电阻器和绝缘体，其中 Q 是恒定相角元件、Q_f 为薄膜电容、Q_{dl} 为薄膜表面与腐蚀液之间的双电层电容。此外，图中的 R_s、R_{film} 和 R_{ct} 分别为腐蚀溶液电阻、薄膜电阻和传荷电阻。薄膜 GO-1、GO-2、GO-3、GO-4 和 GO-5 薄膜电阻值的大小 R_{film} 分别为 $8.43\times10^5\Omega\cdot cm^2$、$9.14\times10^5\Omega\cdot cm^2$、$6.23\times10^6\Omega\cdot cm^2$、$7.16\times10^5\Omega\cdot cm^2$ 和 $6.09\times10^5\Omega\cdot cm^2$，如表 6-5 所示，通过拟合获得，通常用来表征膜的耐腐蚀性，电阻值越大，薄膜的耐腐蚀性越好。可以看出，GO-3 薄膜具有比其他膜更高的电阻值，表现出优异的耐腐蚀性。这些结果与 Nyquist 图、Bode 图分析得出的结论一致。进一步证实当 GO 的掺杂浓度为 0.007mg/mL 时，GO-3 薄膜具有更好的耐腐蚀性。

表 6-5 所制备 GO-Co/a-C∶H 薄膜的 R_{film} 大小

样品	1	2	3	4	5
$R_{film}/\Omega\cdot cm^2$	8.43×10^5	9.14×10^5	6.23×10^6	7.16×10^5	6.09×10^5

6.2.8 GO-Co/a-C∶H 薄膜的成膜机理

根据以上分析可以看出，超疏水表面由于其特殊的微观结构和化学结构具有优异的自清洁性能、耐腐蚀性和其他潜在性能。GO-Co/a-C∶H 超疏水薄膜的沉积过程和形貌演变如图 6.20 所示。通过电化学沉积在 Si 基底上实现具有分层微纳米结构的粗糙表面，这种结构的粗糙表面已经被证实有利于超疏水表面的形成。此外，薄膜上存在的低表面能 GO 组分对其超疏水性的形成有很大作用。沉积过程可以描述为：(1) 当接通电源时，甲醇和乙酰丙酮钴（Ⅱ）开始电解成

CH_3^+、Co^{2+}和（$C_5H_7O_2$）$^-$。（2）在高压电场的作用下，CH_3^+和Co^{2+}将GO驱动到阴极。（3）在Si基底上形成GO-Co/a-C：H薄膜[21]，其电化学反应过程如式(6-5)~式(6-7)所示。

$$CH_3OH \longrightarrow CH_3^+ + OH^- \tag{6-5}$$

$$Co(C_5H_7O_2)_2 \longrightarrow Co^{2+} + 2(C_5H_7O_2)^- \tag{6-6}$$

$$Co^{2+} + CH_3^+ + GO \longrightarrow GO\text{-}Co/a\text{-}C:H\ 薄膜 \tag{6-7}$$

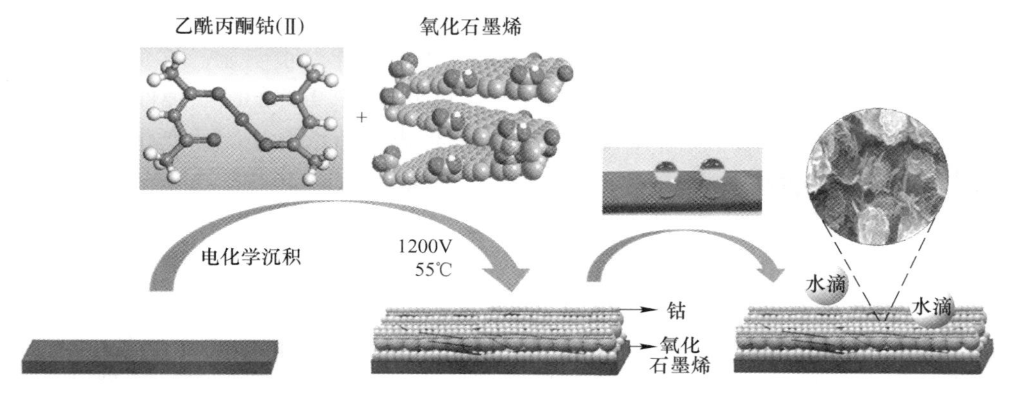

图6.20　超疏水GO-Co/a-C：H薄膜示意图

通过简单的一步电化学沉积方法成功地制备了具有优异的超疏水性能和耐腐蚀性能的石墨烯和钴协同作用的碳基薄膜，简便且低成本的制造工艺为超疏水表面的制备提供了有效的途径。随着GO浓度的增加，薄膜性能先变好然后变差。当GO的掺杂浓度为0.007mg/mL时，所制备的GO-3薄膜的接触度为158.64°、滑动角度为1.53°，具有优异的耐腐蚀性、自清洁能力以及良好的结合力。可以得出结论，所制备的超疏水表面归因于其具有分层微纳米结构的粗糙表面以及其存在低表面能的GO。分层微纳米结构归功于GO和钴的协同作用以形成多级纳米级复合界面。本项研究是第一次通过一步电化学沉积方法获得超疏水GO-Co/a-C：H薄膜，在自清洁、防污和防腐等领域有潜在的应用。

6.3　碳纳米管增强非晶碳MWCNTs-Co/a-C：H防腐薄膜

碳纳米管（CNTs）主要是由碳六边形（弯曲处为碳五边形和碳七边形）组成的单层或多层纳米级空心管状材料。作为一种准一维结构纳米碳材料，它具有低密度、高长径比（高达100~1000）和纳米级管径，表现出优异的力学性能(其弹性模量和强度在200~1000GPa和200~900MPa之间)、电性能（电导率可达1000~2000S/cm)、热稳定性和化学稳定性[22,23]。将CNTs引入到超疏水材料中，可显著提高复合材料的光热力学甚至是防腐等性能，扩大其应用范围。碳纳米管又可分为单壁碳纳米管和多壁碳纳米管，多壁碳纳米管表面含有大量的表面基团，如羧基等。研究表明，羧基的存在有利于提高超疏水表面的超疏水性能[24,25]。同样，在制备纳米复合非晶碳薄膜时向电解液中掺入氧化石墨烯可降低薄膜表面的表面能，同时提高薄膜表面的微观粗糙度，有利于超疏水表面的形成，提高薄膜的综合性能。

6.3.1 MWCNTs-Co/a-C：H 薄膜的制备过程

在沉积前，衬底材料依次用甲醇、10%HF 水溶液、甲醇超声清洗 5min，最后用 N_2吹干。本实验选用分析纯甲醇试剂作为碳源，选择阿法埃莎生产的乙酰丙酮钴（Ⅱ）和碳纳米管作为掺杂剂。在以往实验的基础上，固定乙酰丙酮钴（Ⅱ）甲醇溶液的浓度为 0.10mg/mL，分别加入质量浓度为 0.03mg/mL、0.05mg/mL、0.07mg/mL、0.09mg/mL、0.11mg/mL 碳纳米管/甲醇悬浮液作为沉积 DLC 复合薄膜的前驱体，在施加电压 1200V 下沉积薄膜。将处理好的单晶硅片固定在阴极石墨电极上，调节两电极间的距离约为 8mm，添加电解液至阴端与液面间的距离为 10~15mm，水浴锅温度控制为 55℃，正确连接电解池的正负极和直流高压电源的正负极。待沉积 8h 后即可获得黑色或灰黑色的薄膜。

6.3.2 MWCNTs-Co/a-C：H 薄膜的表面形貌

通过场发射扫描电子显微镜（SEM）分析确定纯 DLC 薄膜和 MWCNTs-Co/a-C：H薄膜的表面形态。不同放大倍数的纯 DLC 薄膜表面的 SEM 图像显示在图 6.21（a）和（b）中。可以看出，纯 DLC 薄膜表面非常光滑，即使在高放大倍率下（图 6.21（b））也只能看到微小的突起。这是因为在电化学沉积过程中甲醇被电解以产生氢气，氢气在膜的表面上有刻蚀效应以形成微小的突起。不同放大倍数的 MWCNTs-Co/a-C：H 薄膜表面的 SEM 图像显示在图 6.21（c）~（f）中。如图 6.21（c）所示，随着钴和 MWCNTs 的掺入，MWCNTs-Co/a-C：H 薄膜的表面粗糙度急剧增加。更重要的是，钴纳米颗粒和 MWCNTs 嵌入了非晶碳膜中。这在更高的放大倍数下更明显（图 6.21（d））。MWCNTs 通过与钴纳米颗粒生长并呈现微纳米级分层结构。进一步放大发现 MWCNTs 的形态（图 6.21（e））和钴纳米颗粒（图 6.21（f））是突起结构。特别地，钴纳米颗粒的结构是分层微纳米松果状结构。在先前的研究中，这种分层微纳米结构可以促使薄膜表面获得更大的接触角和更小的滑动角[26]。因为分层微纳米结构可以将空气保持在薄膜表面上的微凸结构周围，减小了水滴与薄膜表面的接触面积，从而达到超疏水表面的效果。

纯 DLC 薄膜和 MWCNTs-Co/a-C：H 薄膜的典型 SPM 图像（$10\times10\mu m^2$）分别如图 6.22（a）和（b）所示。纯 DLC 薄膜的形貌图像显示薄膜表面是由球状

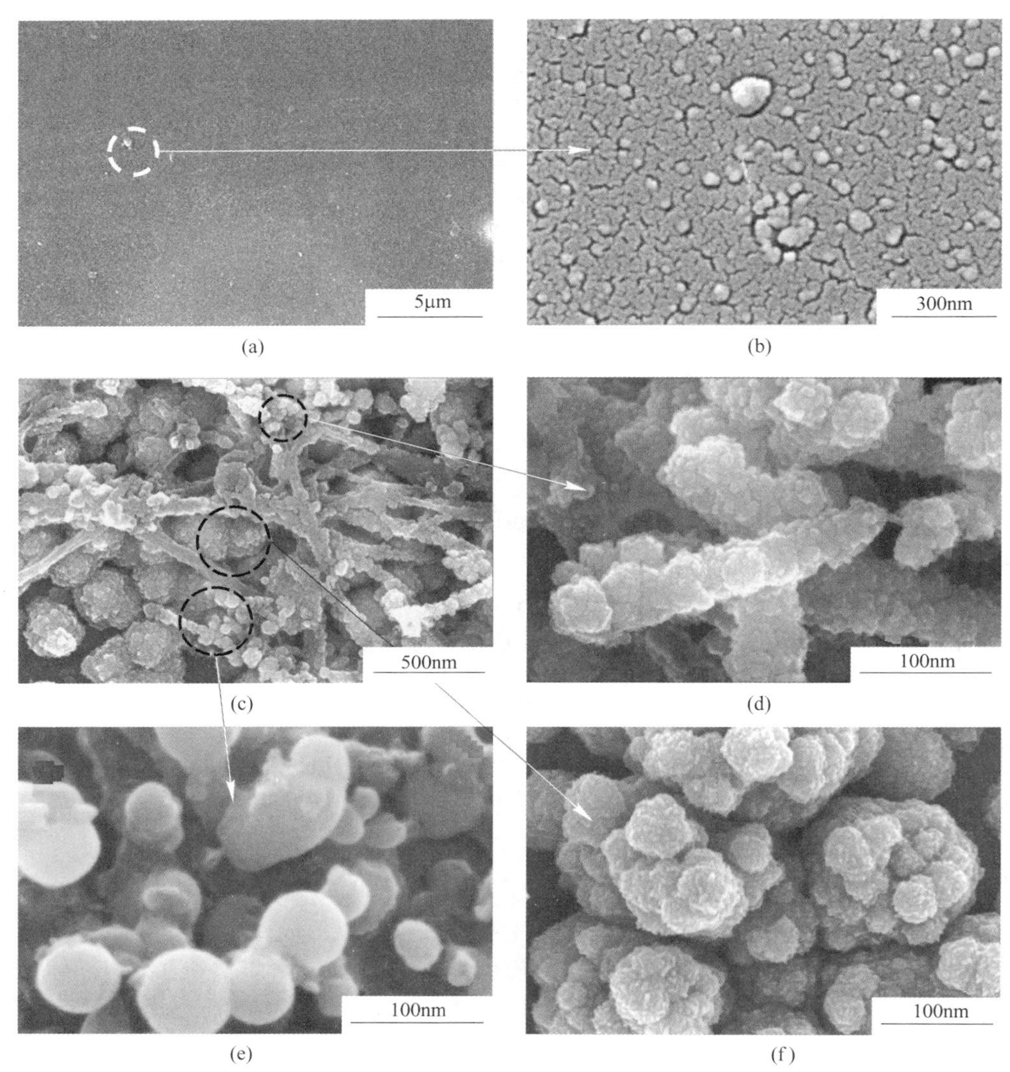

(a)　(b)　(c)　(d)　(e)　(f)

图 6.21　纯 DLC 薄膜和 MWCNTs-Co/a-C：H 薄膜的 SEM 图

（a），（b）纯 DLC 薄膜；（c）～（f）MWCNTs-Co/a-C：H 薄膜

颗粒形成的，其平均直径小于 200nm。此外，纯 DLC 薄膜的平均粗糙度（*Ra*）为 36.6nm，具有相对光滑的表面且颗粒较小。SPM 2D 投影图像显示出与 SEM 相似的形态。如图 6.22（b）所示，MWCNTs-Co/a-C：H 薄膜由平均直径约为 400nm 的球形颗粒组成。另外，MWCNTs-Co/a-C：H 薄膜的平均粗糙度（*Ra*）为约 152nm，并且在表面上观察到明显的突起。SPM 2D 投影图像同样显示出与 SEM 相似的形态。结果表明钴和 MWCNTs 的掺入增加了 MWCNTs-Co/a-C：H 薄膜的粗糙度。这是促进超疏水性薄膜形成的重要因素。

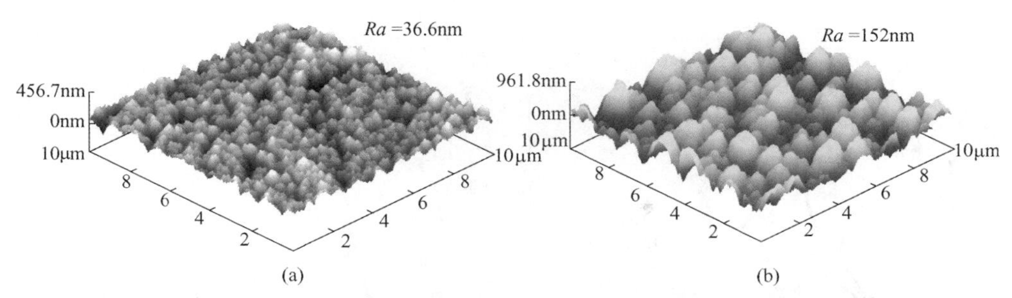

图 6.22 纯 DLC 薄膜（a）和 MWCNTs-Co/a-C：H 薄膜（b）的 SPM 图

6.3.3 MWCNTs-Co/a-C：H 薄膜的结构表征

用 X 射线电子能谱（XPS）以分析纯 DLC 薄膜和 MWCNTs-Co/a-C：H 薄膜的化学组成。纯 DLC 薄膜的 XPS 光谱主要包括 C1s 和 O1s。而 MWCNTs-Co/a-C：H 薄膜的 XPS 光谱主要包括 C1s、O1s 和 Co2p。此外，Co2p 的峰值位置相对尖锐，表明钴纳米颗粒和 MWCNTs 成功地嵌入非晶碳膜中。此外，纯 DLC 薄膜的 C1s 在高斯模式下拟合为：sp^2C ═C（284.3eV）、sp^3C—C（285.4eV）和 C—O 或 C ═O（288.4eV），如图 6.23（a）所示。类似地，MWCNTs-Co/a-C：H 薄膜的 C1s 精细谱中存在四个峰，包括 sp^2C ═C（284.3eV）、sp^3C—C（285.1eV）、MWCNTs C ═C（285.6eV）和 C—O 或 C ═O（288.5eV）（图 6.23（b）），其与纯 DLC 薄膜的 C1s 不同，这是由于 MWCNTs 的掺入形成 MWCNTs C ═ C。同时，MWCNTs 的掺入增加了 MWCNTs-Co/a-C：H 薄膜中的氧含量，因为 MWCNTs 的表面含有大量含氧官能团，这为 MWCNTs-Co/a-C：H 薄膜的超疏水性的形成提供证据。如图 6.23（c）所示，Co2p 在高斯模式拟合为 Co2$p_{3/2}$（778.24eV）和 Co2$p_{1/2}$（793.34eV）。比较 XPS 标准光谱，可以看出电子结合能位移中的薄膜与单质 Co 基本一致。

通过 TEM 和 HRTEM 进一步研究 MWCNTs-Co/a-C：H 薄膜的结构。图 6.24（a）显示了 MWCNTs-Co/a-C：H 薄膜在低倍下的 TEM 图像。显然，钴纳米颗粒和 MWCNTs 一起镶嵌在碳膜中，表明钴纳米颗粒和 MWCNTs 成功地嵌入到无定形碳膜中。在高倍下（图 6.24（b）），从 MWCNTs-Co/a-C：H 薄膜中观察到两种不同尺寸的晶格条纹。进一步计算，不同尺寸的两个晶格条纹的间距 d 分别为 0.34nm（图 6.24（c））和 0.18nm（图 6.24（d）），分别对应于 MWCNTs 的（0 0 2）晶面和面心立方钴的（2 0 0）晶面。它揭示了钴作为基本物质存在于无定形碳膜中。MWCNTs-Co/a-C：H 薄膜的相应选区电子衍射（SAED）图在电子衍射分析中的衍射图案显示为许多明亮的衍射斑点和明显的衍射环，衍射环是单质钴的衍射图案，衍射斑点是 MWCNTs 的衍射图案。此外，相应衍射环分别对应于（1 1 1）、（2 0 0）、（2 2 0）和（3 1 1）晶面，

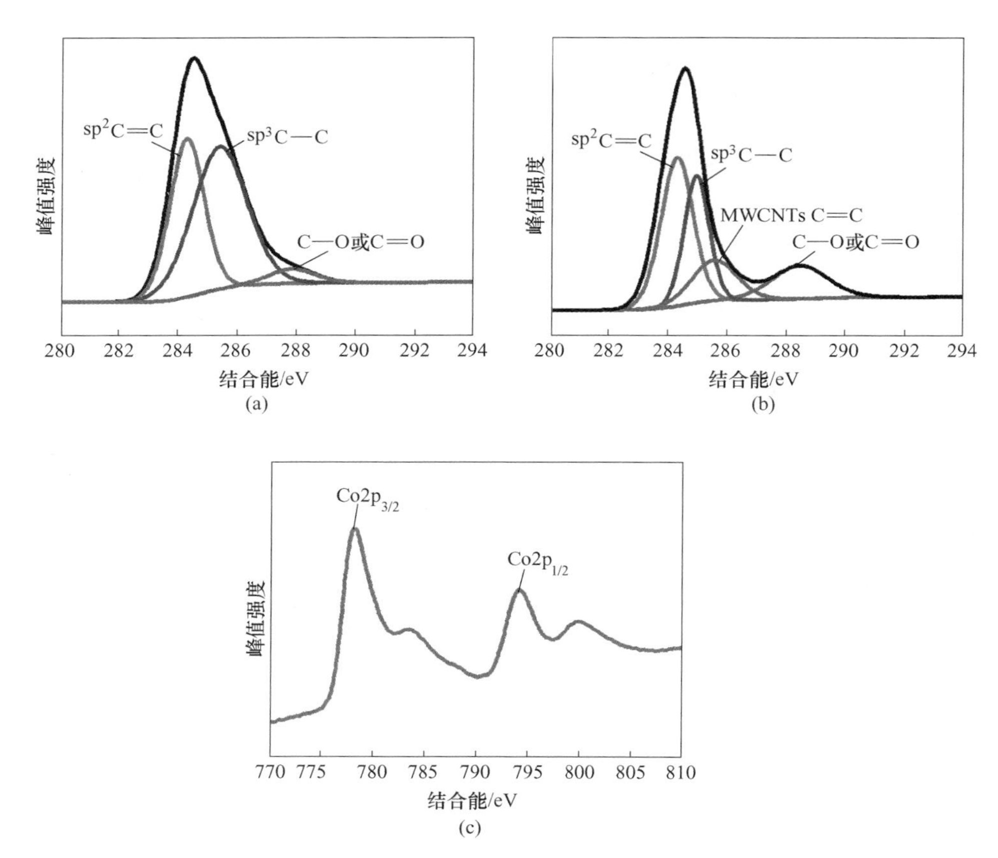

图 6.23　纯 DLC 薄膜的 C1s 精细谱（a）、MWCNTs-Co/a-C：H 薄膜的 C1s 精细谱（b）和 MWCNTs-Co/a-C：H 薄膜的 Co2p 精细谱（c）

证明 Co 纳米颗粒和 MWCNTs 嵌在一起并成功地嵌入具有典型纳米微晶/非晶微结构的 MWCNTs-Co/a-C：H 薄膜中。

6.3.4　MWCNTs-Co/a-C：H 薄膜的润湿性

薄膜的润湿性主要受表面粗糙度和表面能两个参数的影响。通过用 5μL 去离子水测量接触角来评估纯 DLC 薄膜和 MWCNTs-Co/a-C：H 薄膜的润湿性。由于其高表面能，纯 DLC 薄膜的接触角（CA）为 76.2°（图 6.25（b））。由于 MWCNTs 的表面能较低，MWCNTs 的掺入使其成为降低 MWCNTs-Co/a-C：H 薄膜的表面能的主要物质。另一方面，MWCNTs 和钴的掺入会增加膜的粗糙度。试验结果表明，MWCNTs-Co/a-C：H 薄膜的最高接触角为 158.1°（图 6.25（d））和滑动角（SA）约为 2.98°（图 6.25（e）），具有超疏水性能。根据 Watanabe 等人的报告，滑动角度可能受粗糙度、表面能和液滴质量的影响。高接触角和低

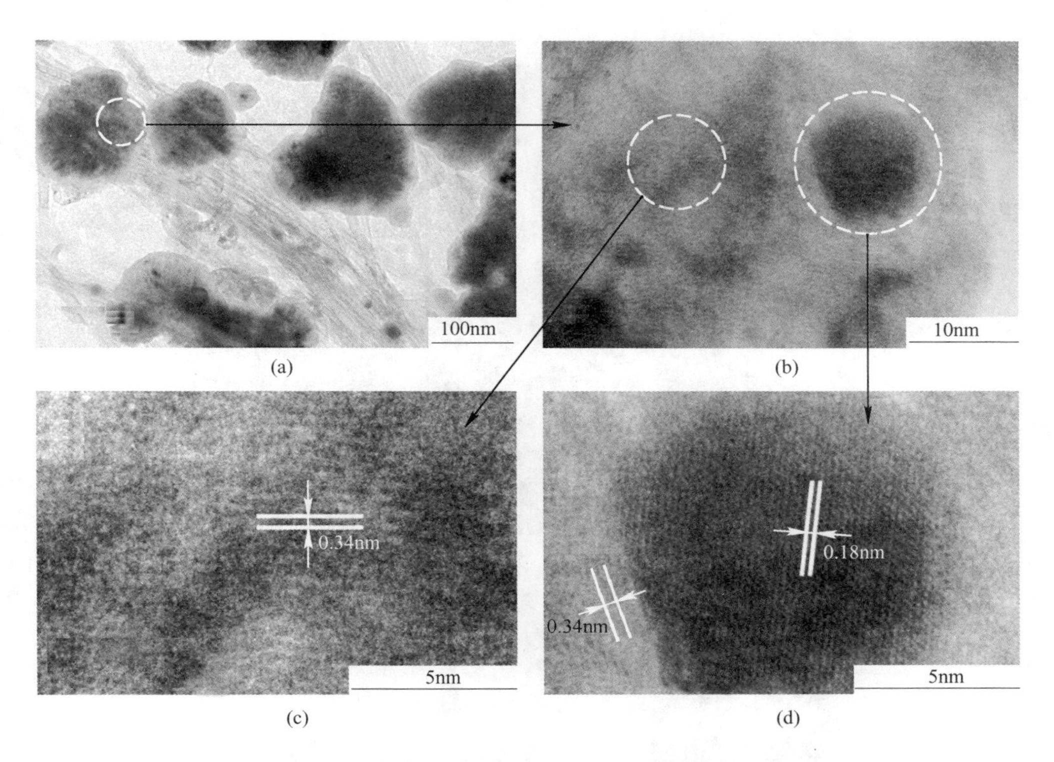

图 6.24　所制备 MWCNTs-Co/a-C：H 薄膜的 TEM 图

滑动角表明水滴在倾斜时很容易在表面滚落，这可归因于“莲花效应”。与纯 DLC 薄膜相比，MWCNTs-Co/a-C：H 薄膜的超疏水性得到极大改善。

6.3.5　MWCNTs-Co/a-C：H 薄膜的结合力

为了进一步研究薄膜的结合力，MWCNTs-Co/a-C：H 薄膜的胶带试验过程如图 6.26 所示。图 6.26（a）显示为未采用胶带试验的 MWCNTs-Co/a-C：H 薄膜的超疏水性，其水接触角为 158.1°。在 1 次胶带试验后（图 6.26（b）），MWCNTs-Co/a-C：H 薄膜表面几乎没有变化，仍然保持超疏水性并且具有 156.9°的水接触角。在 2 次胶带测试（图 6.26（c））之后，MWCNTs-Co/a-C：H 薄膜表面痕迹有一些损伤，接触角约为 154.2°。在 6 次胶带试验之前，MWCNTs-Co/a-C：H 薄膜表面有明显的破坏迹象，表面仍然保持超疏水性。因此，由于 MWCNTs 与钴纳米颗粒之间的机械互锁作用，表明超疏水性 MWCNTs-Co/a-C：H 纳米复合膜具有较好的结合力。然而，经 8 次胶带测试后，MWCNTs-Co/a-C：H 薄膜表面遭受严重损坏，接触角仅为 140.8°。每次胶带试验后的水接触角大小如图 6.26（g）所示。

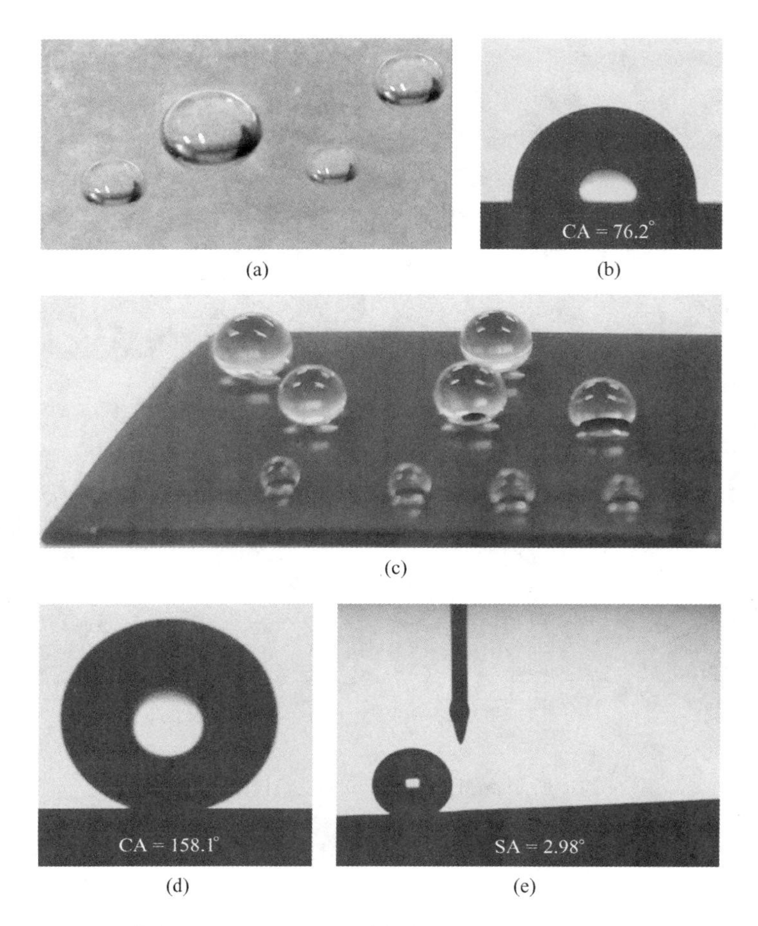

图 6. 25　纯 DLC 薄膜光学照片（a）和接触角大小（b）以及 MWCNTs-Co/a-C：H 薄膜的光学照片（c）、接触角大小（d）和滑动角大小（e）

6. 3. 6　MWCNTs-Co/a-C：H 薄膜的自清洁力

超疏水表面的自清洁能力对于它们的实际应用是非常重要的。图 6. 27 有效地说明了纯 DLC 薄膜和 MWCNTs-Co/a-C：H 薄膜的自清洁行为过程。纯 DLC 薄膜置于左侧，超疏水性 MWCNTs-Co/a-C：H 薄膜置于右侧。首先，所有的薄膜表面都覆盖着粉笔灰（图 6. 27（a））。然后，分别在纯 DLC 薄膜和 MWCNTs-Co/a-C：H 薄膜表面上滴几滴 0. 05mL 去离子水。可以清楚地看到，水滴在 MWCNTs-Co/a-C：H 薄膜表面中迅速滚落并带走粉笔灰尘。更重要的是，MWCNTs-Co/a-C：H 薄膜表面变得干净并恢复了初始的超疏水性能。然而，水滴在纯 DLC 薄膜的表面上保持静止，说明纯 DLC 薄膜不具备自清洁的能力。与纯 DLC 薄膜相比，MWCNTs-Co/a-C：H 薄膜展现出优异的自清洁性能。

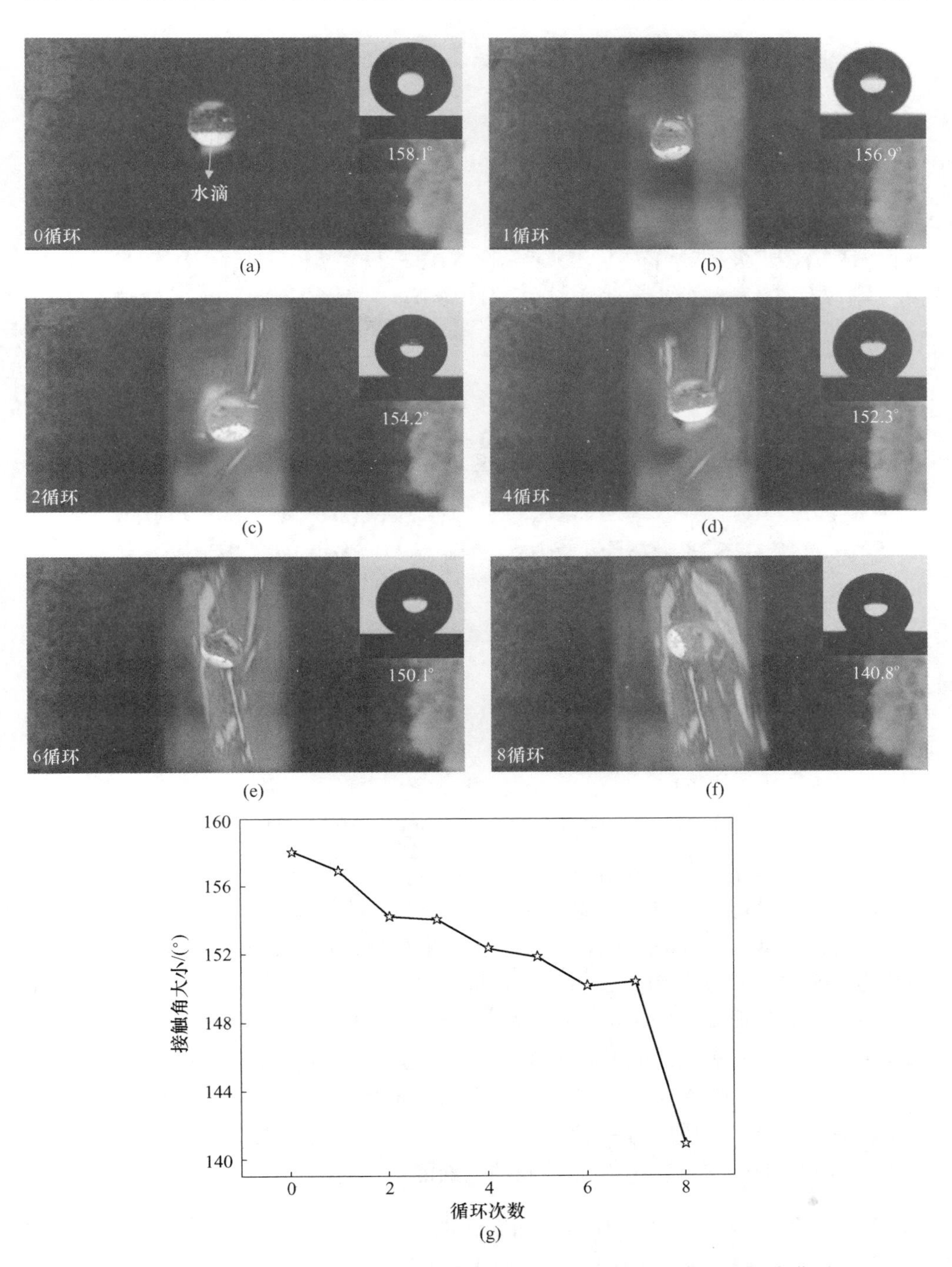

图 6.26 MWCNTs-Co/a-C：H 薄膜的胶带测试过程和水接触角的大小变化过程

(a) ~ (f) 胶带测试过程；(g) 水接触角大小变化过程

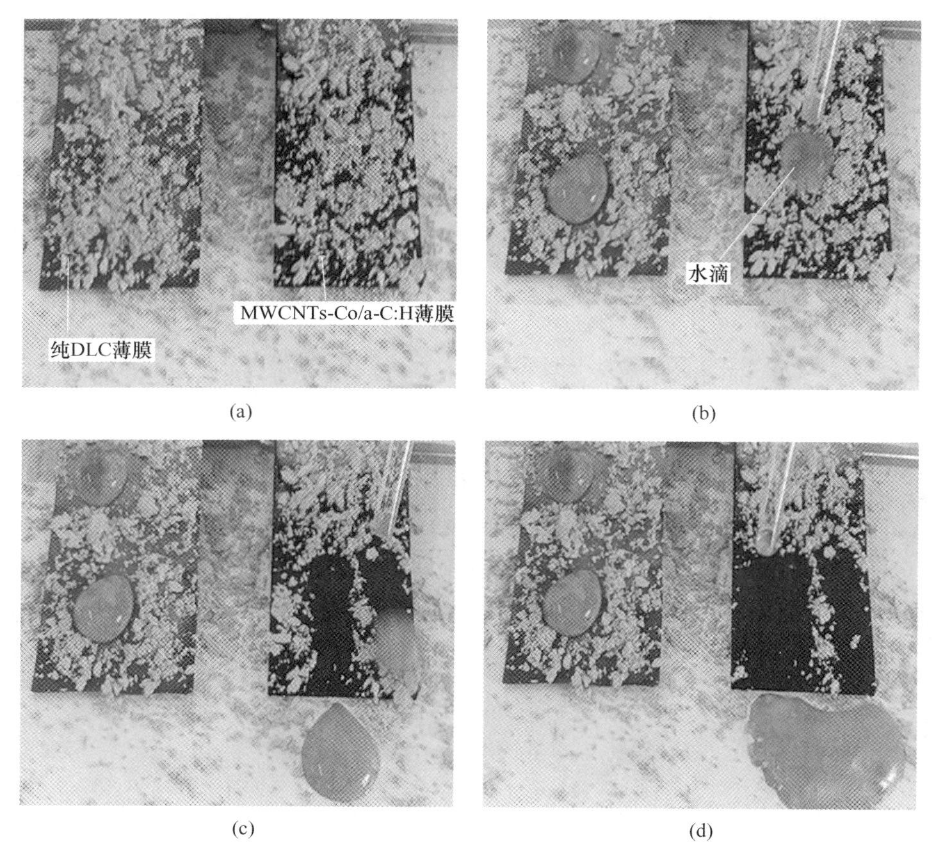

(a)　(b)　(c)　(d)

图 6.27　纯 DLC 薄膜和 MWCNTs-Co/a-C：H 薄膜的自清洁行为

在这项研究中，我们采用一种新颖且简单的一步电化学沉积方法来制备具有优异的自清洁性能、耐腐蚀性能以及良好的结合力的超疏水 MWCNTs-Co/a-C：H 纳米复合碳基薄膜。MWCNTs-Co/a-C：H 纳米复合材料超疏水薄膜表面的水接触角约为 158.1°、滑动角约为 2.98°，这是由于 MWCNTs 和钴纳米颗粒的协同作用导致薄膜表面形成微观纳米级分层结构。这种微纳米级分层结构周围的空气可以减少水滴与超疏水表面之间的接触面积，使薄膜表面上的水滴快速滚落，保持超疏水性。此外，MWCNTs 表面含有大量含氧官能团可能是获得 MWCNTs-Co/a-C：H 薄膜的超疏水性质的另一个因素。值得注意的是，MWCNTs 的掺入可以有效地降低 MWCNTs-Co/a-C：H 碳基薄膜的表面能。

6.3.7　MWCNTs-Co/a-C：H 薄膜的腐蚀性能

电化学实验可用于评估纯 DLC 薄膜和 MWCNTs-Co/a-C：H 薄膜的耐腐蚀性。在测试之前将所有样品浸泡在 3.5%NaCl 水溶液中 2h，以确保样品在腐蚀性介质中稳定。图 6.28 为纯 DLC 薄膜和 MWCNTs-Co/a-C：H 薄膜的极化曲线。表 6-6 列出了纯 DLC 薄膜和 MWCNTs-Co/a-C：H 薄膜基于极化曲线得到的电化学参数：腐蚀电位（E_{corr}）、腐蚀电流密度（I_{corr}）和保护效率（η）。腐蚀电流密度越低，腐蚀速率越低，薄膜性能越好。显然，MWCNTs-Co/a-C：H 薄膜的腐蚀电流密度达到 4.234×10^{-10} A/cm^2，腐蚀电位达到 -0.268V。与纯 DLC 薄膜相比，MWCNTs-Co/a-C：H 薄膜表现出较低的腐蚀速率，表明钴和 MWCNTs 在沉积物中的掺入显著提高了薄膜的抗腐蚀性能。此外，MWCNTs-Co/a-C：H 薄膜的保护效率(η)（根据等式（6-4）计算)约为 98.02%。结果表明，MWCNTs-Co/a-C：H 薄膜具有优异的耐腐蚀性。

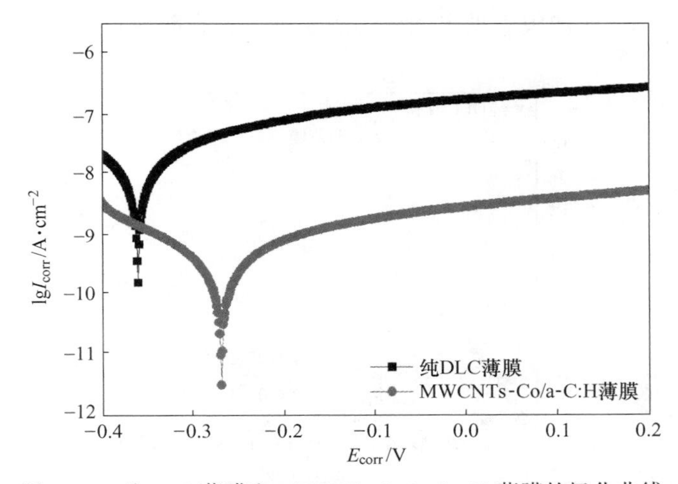

图 6.28 纯 DLC 薄膜和 MWCNTs-Co/a-C：H 薄膜的极化曲线

表 6-6 纯 DLC 薄膜和 MWCNTs-Co/a-C：H 薄膜基于极化曲线得到的电化学参数

样品	纯 DLC 薄膜	MWCNTs-Co/a-C：H 薄膜
I_{corr}/A·cm^{-2}	2.141×10^{-8}	4.234×10^{-10}
E_{corr}/V	-0.359	-0.268
η/%		98.02

电化学阻抗谱（EIS）可用于评估薄膜对腐蚀性能。如图 6.29 和图 6.30 所示，EIS 图在 3.5%NaCl 水溶液中频率范围为 0.01～10^5Hz 内测得。纯 DLC 薄膜和 MWCNTs-Co/a-C：H 的 Nyquist 图如图 6.29 所示。显然，MWCNTs-Co/a-C：H 薄膜的电容半圆半径远大于纯 DLC 薄膜，一般而言，电容半圆半径越大，薄膜耐腐蚀性能更好。此外，为了进一步研究薄膜的抗腐蚀性能，使用 ZSimp-Win 软件通过等效电路仿真方法分析阻抗谱。等效电路包括电容器、电阻器和绝缘体，其中，Q 为恒定相角元件，Q_{film}为薄膜电容，Q_{dl}为薄膜表面与腐蚀液之间的双电层

电容，n 为恒定相角指数，表明分散效果的程度，R_s 为腐蚀溶液电阻，R_{film} 为薄膜电阻，R_{ct} 为传荷电阻。纯 DLC 薄膜和 MWCNTs-Co/a-C：H 薄膜的等效电路图如图 6.30（b）所示。值得一提的是，MWCNTs-Co/a-C：H 薄膜的 $R_{film}=2.01\times10^6\Omega\cdot cm^2$ 比纯 DLC 薄膜（$R_{film}=9.71\times10^4\Omega\cdot cm^2$）的大，且 MWCNTs-Co/a-C：H的 Q_{film} 约为 $7.12\times10^{-7}F\cdot cm^2$。阻抗值用于表征膜的耐腐蚀性，通常被认为是膜的耐腐蚀性的标志，值越大，膜的耐腐蚀性越好。此外，纯 DLC 薄膜和 MWCNTs-Co/a-C：H 薄膜的 Bode 图如图 6.30（a）所示。类似地，低频区域的阻抗值用于表征膜的耐腐蚀性，值越大，膜的耐腐蚀性越好。极化曲线和电化学阻抗谱表明，MWCNTs-Co/a-C：H 薄膜的耐腐蚀性能优于纯 DLC 薄膜。即 MWCNTs-Co/a-C：H 薄膜表现出优异的耐腐蚀性，在防腐材料领域有潜在用途。

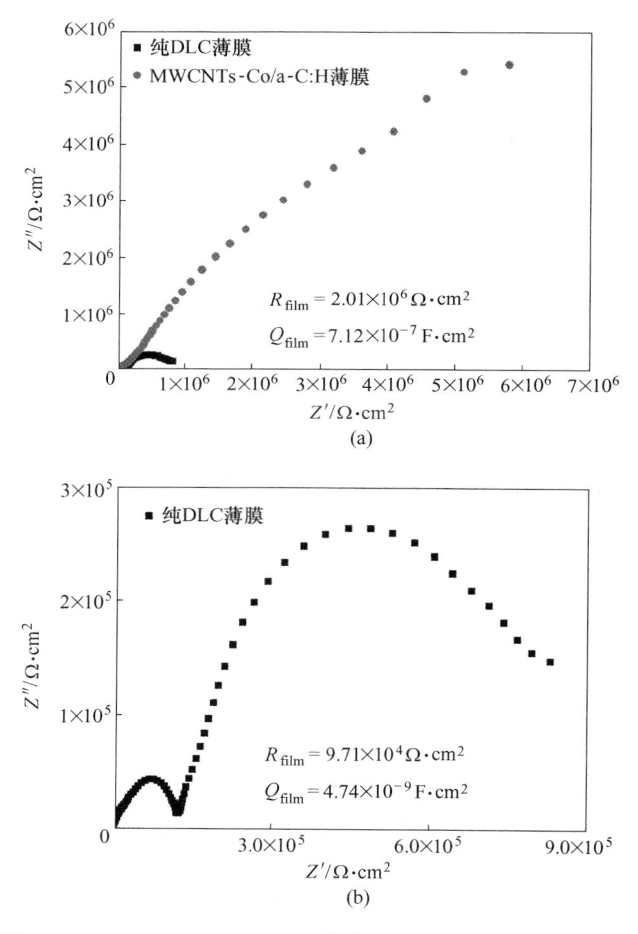

图 6.29　MWCNTs-Co/a-C：H 薄膜和纯 DLC 膜的 Nyquist 图

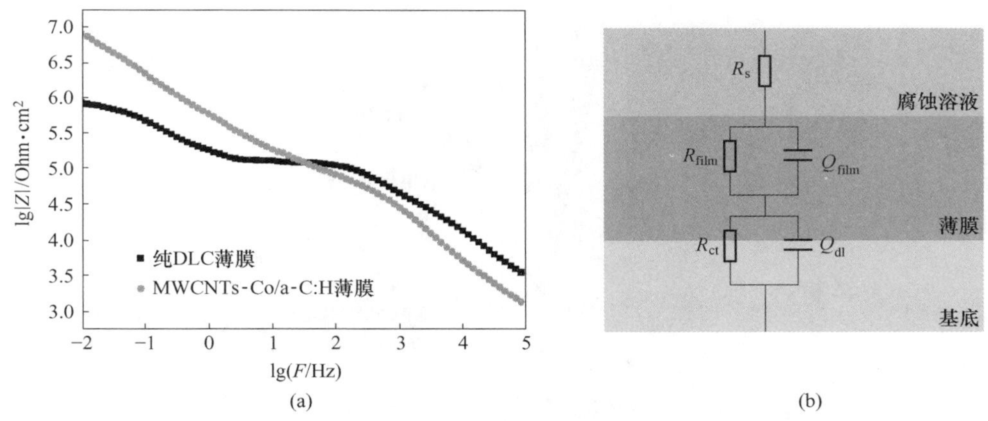

图 6.30 纯 DLC 膜和 MWCNTs-Co/a-C：H 薄膜的 Bode 图（a）和 EIS 等效电路（b）

6.3.8 MWCNTs-Co/a-C：H 薄膜的成膜机理

通过安全的一步电化学沉积方法，超疏水 MWCNTs-Co/a-C：H 碳基薄膜的形成机理如图 6.31 所示。当电源接通时，首先甲醇开始电解成 $CH_3{}^+$。同时，乙酰丙酮钴（Ⅱ）也被电解成 Co^{2+} 和 $(C_5H_7O_2)^-$。然后，在高压电场的作用下，CH_3^+ 和 Co^{2+} 将 MWCNT 驱动到阴极。最后，在 Si 衬底上形成 MWCNTs-Co/a-C：H 薄膜[27]。在这个过程中，由于 MWCNTs 的强电导率会促进 CH^{3+} 和 Co^{2+} 的移动，加速沉积过程。该过程的机制如方程式（6-8）~式（6-10）所示：

$$CH_3OH \longrightarrow CH_3{}^+ + OH^- \quad (6\text{-}8)$$

$$Co(C_5H_7O_2)_2 \longrightarrow Co^{2+} + 2(C_5H_7O_2)^- \quad (6\text{-}9)$$

$$Co^{2+} + CH_3{}^+ + MWCNTs \longrightarrow MWCNTs\text{-}Co/a\text{-}C:H\ 薄膜 \quad (6\text{-}10)$$

图 6.31 生动地说明了 MWCNTs-Co/a-C：H 薄膜的超疏水示意图。首先，在 1200V 电压和 55℃ 水浴中将乙酰丙酮钴（Ⅱ）和 MWCNTs 电解沉积在 Si 衬底上。然后，钴纳米颗粒和 MWCNTs 镶嵌在薄膜表面上生长，形成微纳米级分层结构。因此，MWCNTs-Co/a-C：H 薄膜的超疏水性可归因于微纳米级分层结构，其使空气能够保留在由薄膜表面上的纳米特征形成的空腔中，悬浮水滴并使水滴快速滚落。MWCNTs 的掺入不仅增加了膜的粗糙度，而且降低了膜的表面能。

耐腐蚀机理可能与薄膜的疏水性有关。腐蚀性能的变化可能与疏水性的变化相似。由于浸入腐蚀性溶液中的固体表面上的润湿面积小，超疏水表面中的突出簇之间的截留空气可以作为有效屏障，以使腐蚀性介质远离表面并为膜提供更好的防腐蚀保护。这些结果表明，超疏水性 MWCNTs-Co/a-C：H 薄膜可以获得比纯 DLC 薄膜更好的耐腐蚀性，这归因于 MWCNTs 和纳米级钴颗粒的共同作用，阻碍了在 3.5%NaCl 溶液中 Cl^- 离子的移动。换言之，MWCNTs-Co/a-C：H 薄膜

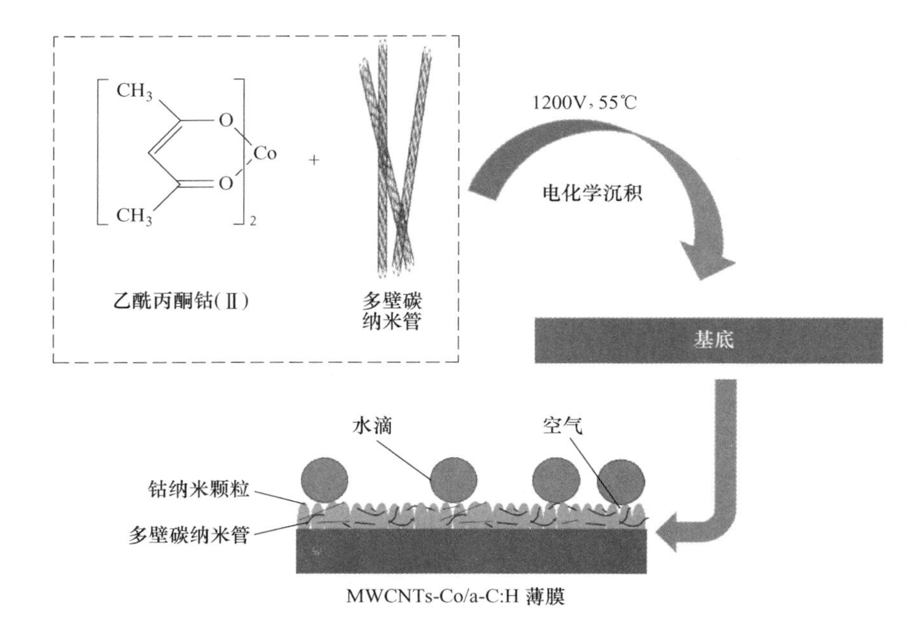

图 6.31　超疏水 MWCNTs-Co/a-C：H 薄膜的形成机理

具有优异的耐腐蚀性。

在自清洁现象中，最重要的因素应该是 MWCNTs 和纳米钴颗粒的掺入，使得薄膜表面形成微纳米级分层结构。这种微纳米级分级结构不仅具有大的微粗糙度，而且还由于 MWCNTs 的存在降低了 MWCNTs-Co/a-C：H 薄膜的表面能。特别是，捕获在微结构周围空间中的空气可以减小水滴和超疏水表面之间的接触面积，使得水滴可以容易从薄膜表面滚落并带走超疏水薄膜上的灰尘。因此，MWCNTs-Co/a-C：H 薄膜和纯 DLC 薄膜相比，表现出优异的自清洁性能，表明这种超疏水性 MWCNTs-Co/a-C：H 薄膜在现代工业中具有潜在的应用。

通过安全的一步电化学沉积技术，我们成功制备了 MWCNTs-Co/a-C：H 碳基薄膜。值得注意的是，MWCNTs 和钴纳米颗粒的协同作用可以促进微纳米级分层结构的形成。得到具有优异的超疏水性能的 MWCNTs-Co/a-C：H 碳基薄膜，接触角为 158.1°、滑动角为 2.98°，无须进一步表面改性，同时具有优异的抗腐蚀和自洁性能。在胶带试验和砂纸磨损试验后，所制备的薄膜表面仍然保持超疏水性，证实 MWCNTs 和钴纳米颗粒与膜相当牢固。该研究展示了制备超疏水薄膜的有效途径，为其在自清洁、防污和防腐等领域的应用提供了潜在可能。

参考文献

[1] Aisenberg S, Chabot R. Ion-beam deposition of thin films of diamond-like carbon [J]. J. Appl. Phys., 1971, 42: 2953~2958.

[2] Zhou S, Zhu X, Yan Q. Corrosion resistance and self-cleaning behavior of Ni/a-C : H superhydrophobic films [J]. Surf. Eng., 2018, 34 (8): 611~619.

[3] Zhou S, Zhu X, Yan Q. One-step electrochemical deposition to achieve superhydrophobic cobalt incorporated amorphous carbon-based film with self-cleaning and anti-corrosion [J]. Surf. & Inter. Anal., 2018, 50: 290~296.

[4] Xu L, Xiao G, Chen C, et al. Superhydrophobic and superoleophilic graphene aerogel prepared by facile chemical reduction [J]. J. Mater. Chem. A, 2015, 3: 7498~7504.

[5] Huang X, Sun B, Su D, et al. Soft-template synthesis of 3D porous graphene foams with tunable architectures for lithium - O2 batteries and oil adsorption applications [J]. J. Mater. Chem. A, 2014, 2: 7973~7979.

[6] Kabiri S, Tran D N H, Altalhi T, et al. Outstanding adsorption performance of graphene - carbon nanotube aerogels for continuous oil removal [J]. Carbon, 2014, 80 (1): 523~533.

[7] Mokarian Z, Rasuli R, Abedini Y. Facile synthesis of stable superhydrophobic nanocomposite based on multi-walled carbon nanotubes [J]. Appl. Surf. Sci., 2016, 369: 567~575.

[8] Novoselov K S, Geim A K, Morozov S V, et al. Electric field effect in atomically thin carbon films [J]. Science, 2004, 306: 666~669.

[9] De Volder M F, Tawfick S H, Baughman R H, et al. Carbon nanotubes: present and future commercial applications [J]. Science, 2013, 339: 535~539.

[10] Dai L, Chang D W, Baek J B, et al. Carbon nanomaterials for advanced energy conversion and storage [J]. Small, 2012, 8: 1130~1166.

[11] Chabot V, Higgins D, Yu A, et al. A review of graphene and graphene oxide sponge: material synthesis and applications to energy and the environment [J]. Energy Environ. Sci., 2014, 7: 1564~1596.

[12] Zhu X, Zhou S, Yan Q. Ternary graphene/amorphous carbon/nickel nanocomposite film for outstanding superhydrophobicity [J]. Chem. Phys., 2018, 505: 19~25.

[13] Kalin M, Polajnar M. The wetting of steel, DLC coatings, ceramics and polymers with oils and water: The importance and correlations of surface energy, surface tension, contact angle and spreading [J]. Appl. Surf. Sci., 2014, 293: 97~108.

[14] Zhang X, Liu Z, Liu K, et al,. Bioinspired multifunctional foam with self-cleaning and oil/water separation [J]. Adv. Funct. Mater., 2013, 23: 2881~2886.

[15] Su F, Yao K. Facile fabrication of superhydrophobic surface with excellent mechanical abrasion and corrosion resistance on copper substrate by a novel method [J]. Acs Appl. Mater. Inter., 2014, 6: 8762~8770.

[16] Zhang X, Guo Y, Zhang Z, et al. Self-cleaning superhydrophobic surface based on titanium dioxide nanowires combined with polydimethylsiloxane [J]. Appl. Surf. Sci., 2013, 284: 319~323.

[17] Wu Y, Zhao W, Wang W, et al. Fabricating binary anti-corrosion structures containing superhydrophobic surfaces and sturdy barrier layers for Al alloys [J]. Rsc Adv., 2016, 6: 5100~5110.

[18] Ferrari A C. Raman spectroscopy of graphene and graphite: disorder, electron - phonon coupling, doping and nonadiabatic effects [J]. Solid State Commun., 2007, 143: 47~57.

[19] Nakajima A, Watanabe T, Takai K, et al. Transparent superhydrophobic thin films with self-cleaning properties [J]. Langmuir, 2000, 16: 7044~7047.

[20] Liu X, Liang Y, Zhou F, et al. Extreme wettability and tunable adhesion: biomimicking beyond nature [J]. Soft Matter, 2012, 8: 2070~2086.

[21] Zhou S, Yan Q, Ma L. Approach to excellent superhydrophobicity and corrosion resistance of carbon-based films by graphene and cobalt synergism [J]. Surf. & Inter. Anal., 2018.

[22] Zhao Y, Wu W, Li J, et al. Encapsulating MWNTs into hollow porous carbon nanotubes: a tube-in-tube carbon nanostructure for high-performance lithium-sulfur batteries [J]. Adv. Mater., 2014, 26: 5113~5118.

[23] Yao H, Chu C C, Sue H J, et al. Electrically conductive superhydrophobic octadecylamine-functionalized multiwall carbon nanotube films [J]. Carbon, 2013, 53: 366~373.

[24] Kakade B, Mehta R, Durge A, et al. Electric field induced, superhydrophobic to superhydrophilic switching in multiwalled carbon nanotube papers [J]. Nano Lett., 2008, 8: 2693~2696.

[25] Roach P, Shirtcliffe N J, Newton M I. Progress in superhydrophobic surface development [J]. Soft Matter, 2008, 4: 224~240.

[26] Kalin M, Polajnar M. The wetting of steel, DLC coatings, ceramics and polymers with oils and water: The importance and correlations of surface energy, surface tension, contact angle and spreading [J]. Appl. Surf. Sci., 2014, 293: 97~108.

[27] Zhu X, Zhou S, Yan Q. Multi-walled carbon nanotubes enhanced superhydrophobic MWCNTs-Co/a-C : H carbon-based film for excellent self-cleaning and corrosion resistance [J]. Diam. Relat. Mater., 2018, 86: 87~97.